写给青少年的

简明自然百科

俞玉赟 编译

光明日报出版社

图书在版编目（ＣＩＰ）数据

写给青少年的简明自然百科 / 俞玉赟编译 . -- 北京：光明日报出版社，2012.6
（2025.1 重印）

ISBN 978-7-5112-2384-5

Ⅰ . ①写… Ⅱ . ①俞… Ⅲ . ①自然科学 – 青年读物 ②自然科学 – 少年读物 Ⅳ . ① N49

中国国家版本馆 CIP 数据核字 (2012) 第 076555 号

写给青少年的简明自然百科

XIEGEI QINGSHAONIAN DE JIANMING ZIRAN BAIKE

编　译：俞玉赟			
责任编辑：李　娟		责任校对：日　央	
封面设计：玥婷设计		封面印制：曹　净	

出版发行：光明日报出版社

地　　址：北京市西城区永安路 106 号，100050

电　　话：010–63169890（咨询），010–63131930（邮购）

传　　真：010–63131930

网　　址：http://book.gmw.cn

E – mail：gmrbcbs@gmw.cn

法律顾问：北京市兰台律师事务所龚柳方律师

印　刷：三河市嵩川印刷有限公司

装　订：三河市嵩川印刷有限公司

本书如有破损、缺页、装订错误，请与本社联系调换，电话：010–63131930

开　本：170mm × 240mm		
字　数：205 千字	印　张：15	
版　次：2012 年 6 月第 1 版	印　次：2025 年 1 月第 4 次印刷	
书　号：ISBN 978-7-5112-2384-5		

定　价：49.80 元

出版说明

PUBLICATION DIRECTIONS

　　唯一的生命家园——地球是怎样形成的？生命是如何起源的？人类的伙伴——已知的数量庞大的 250 多万种生物为什么会进化出各种令人叹为观止的特点和习性呢？为什么许许多多生物能在甚至是极地和沙漠这种极端的环境中生存下来呢？……生命自出现以来，就在大自然中不断地生息繁衍，从结构最简单的病毒到结构极复杂的陆地动物，从针眼大小的浮萍到高达百米以上的北美海滨红杉，从只有百十微米大小的原生动物到体重达 190 吨的蓝鲸……自然界呈现出的不可思议的生物多样性以及生物之间、生物与环境之间复杂而又紧密的联系，都使得我们这个星球色彩斑斓而又生机盎然。

　　探寻大自然的奇趣与奥秘，不仅可以加深青少年对大自然的认识，还可以陶冶情操，激发想象力，并使他们更加热爱自然，自觉地保护自然。为此，我们特意编译了《写给青少年的简明自然百科》献给青少年朋友。

　　本书分为三大部分，第一部分是"地球家园"，主要介绍地球的概况，探索我们这个星球的形成、生命的最初起源，以及自那以后的不可预知的、在各种栖息地创造出无限多样性的生命形式的进化过程，同时探究了各种生命形式灭绝的原因。这部分内容可以让青少年从更广阔的视角认识自然和我们自身。第 2 部分是"生物世界"，介绍了自然界的五大生命领域——动物、植物、真菌、原生生物和细菌。科学家们已经识别出了超过 250 万种生物，这一部分介绍的各种生物将引导青少年深入奥妙无穷的生命世界，并领悟与自然和谐共处的益处。第 3 部分是"野生生物栖息地"，通过描述地球上支持生命存在的许多不同环境，带领读者进行一次非同寻常的旅行：从酷寒的高山之巅到漆黑一片、水压极大的海洋底部，生物几乎存在于世界上任何角落。阅读这一部分，青少年能从中感受到生命演绎的伟大和自然的神奇。

全书体例清晰、结构严谨、内容全面，语言风格清新凝练，措辞严谨又不失生动幽默，并且在编写过程中充分吸纳了最新的自然研究和发现成果，让青少年在充满愉悦的阅读情境中对全书内容有更深的体悟。此外，本书配以大量精美绝伦的彩色照片、插图，结合简洁流畅的文字，将自然的风貌演绎得真实而鲜活，使人产生身临其境之感。同时，本书还穿插了大量说明性的图表和精心设计的"物种档案"等相关栏目，使读者能更全面、深入、立体地感受自然的奇趣。本书的这些突出的特色和亮点，为青少年呈上了思想和视觉的双重盛宴。

目 录 CONTENTS

第 1 部分
地球家园　9

地球概况　　　　　　　10
地球是怎样形成的　　　12
生命是如何起源的　　　14
生物圈（上）　　　　　16
生物圈（下）　　　　　18
水中世界　　　　　　　20
生活在陆上　　　　　　22
生命的进化　　　　　　24
生命时间线（上）　　　26
生命时间线（下）　　　28
进化过程是如何
进行的（上）　　　　　30
进化过程是如何

进行的（下）　　　　　32
基因和DNA　　　　　　34
为生存而适应（上）　　36
为生存而适应（下）　　38
趋同进化　　　　　　　40
物种灭绝　　　　　　　42
处于威胁中的野生物　　44
拯救濒危物种　　　　　46

第 2 部分
生物世界　49

生物的分"界"　　　　50
将生物分类　　　　　　52
微生物　　　　　　　　54
细菌　　　　　　　　　56
病毒　　　　　　　　　57
原生动物　　　　　　　60
藻类　　　　　　　　　62
真菌　　　　　　　　　64
真菌如何进食　　　　　66

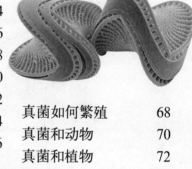

真菌如何繁殖　　　　　68
真菌和动物　　　　　　70
真菌和植物　　　　　　72
植物　　　　　　　　　74
叶子　　　　　　　　　76
花朵　　　　　　　　　78
授粉　　　　　　　　　80
头状花　　　　　　　　82
种子和果实　　　　　　84
移动中的种子　　　　　86

无花植物   88

植物的生命周期   90

树   92

树木如何生长   94

植物的自我保护   96

食肉植物   98

附生植物和寄生植物   100

动物   102

形状和骨骼   104

呼吸   106

动物如何运动   108

滑翔和飞行   110

动物的感觉器官（上）   112

动物的感觉器官（下）   114

食草动物   116

食肉动物   118

食腐动物   120

动物的防御能力   122

合作者和寄生虫   124

动物的繁殖   126

生命的开端   128

生命的成长   130

本能和学习   132

群居生活   136

动物建筑师   138

生态学   140

家和栖息地   142

食物链和食物网   144

第 3 部分

野生生物栖息地 147

世界上的生物群落区   148

北极和冻原   150

南极   158

沙漠   166

草原和稀树草原   172

灌木地   184

温带丛林   192

针叶林   204

热带丛林   214

河流、湖泊和湿地   224

山脉和山洞   232

扫码获取更多资源

　　从太空观看，地球和月球的外观差异非常明显。月球显得干燥而贫瘠，而地球被涡状的云层所包裹，表明有大气层的存在。阳光在海面上闪烁，地球表面绿色和褐色的拼块反映的是陆地上的部分"居民"。太阳系中，地球是唯一有这样外观的星球，而且就我们目前所知也是唯一的生命家园。

第 1 部分

地球家园

A PLANET APART

地球概况

尽管已经经过了很多年的探索，但天文学家们仍然没有在宇宙的其他任何地方发现与地球相似的星球。我们居住的星球是太阳系 8 大行星之一，但是据目前所知，地球是唯一有生命存在的星球。

↑ 地球磁场保护我们不受太阳粒子的危害。在地球的南北两极，这些粒子形成闪耀的光帘，被称为"极光"。

与太阳系的其他行星相比，地球很小。木星的直径超过 140000 千米，其体积是地球的 1300 倍。水星、金星和火星在体积上与地球较为接近，但是它们不是受到太阳的炙烤就是被包围在严寒中。而只有地球处于合适的温度范围内，因此拥有了水和生命。

水的世界

正是水让地球变得独一无二。水也存在于太阳系的其他星球上，但几乎都是以冰的形式存在的。而在地球上，大部分的水都是以液态形式存在的。它慢慢地循环，传播太阳的热量，蒸发形成云，然后形成降雨。如果没有水，地球的表面就会像月球表面一样积满灰尘且没有生命。

地球上 97% 的水存在于海洋中，2% 的水存在于冰川和极地冰雪中。剩下的 1% 几乎都为淡水了。其中只有 0.001% 的水蒸发在空气中。

大 气

在月球上，天空看起来是黑色的。而在地球上，天空是蓝色的。这是因为地球被大气包围着，大气可以分散来自太阳的光线。事实上，大气的作用远远不止这一点。它保护地球上的生物不受有害辐射的危害，同时帮助保持地球的温度。此外，大气中含有生物必需的气体。

氮气几乎占据了大气

微生物的生长都离不开它。

多变的地球表面

地球表面的平均温度约为14℃，比较舒适。但是在地球内部，却至少有

的4/5，所有的生物都需要这种气体，但是只有微生物可以直接从大气中获取该种气体——它们将氮气转化成植物和动物可以使用的化学物质。氧气是更为重要的气体，因为生物需要靠其来释放能量。氧气占据了大气的1/5，由于其可溶于水，所以在地球上的江河湖泊中都含有氧气。在这里需要介绍的第3种气体是二氧化碳，这种气体的含量很少，只占大气的0.033%，但是世界上的所有植物和很多

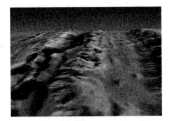

↑火星表面的一些特征看起来似乎是水流经过形成的。如今，虽然火星的两极还留有冰盖，但整个星球的表面已经干涸。

↓地表大气的厚度大约为400千米，但是大部分的水分蒸发过程发生在12千米的低空中，该领域被称为对流层。当锋面经过地球表面时，那里的大气状况就处于经常性的变动中。

↑在太阳系的8大行星中，距离太阳第三近的便是地球。地球最近的两个邻居是金星和火星。包围金星的大气呈酸性，温度很高，而包围火星的大气层很稀薄，温度很低。

4500℃。地心的热量涌到地表，熔化了岩石，引起了火山爆发，并使得大陆板块处于不断地移动中。其中的一些变动危及到了地球上的生命，但是也创造了很多机会。

如果没有这些变动，地球上的生命或许不会像现在这样多种多样。

地球是怎样形成的

与整个宇宙相比，地球仍然很年轻。大约在47亿年前，气体和尘土在重力的作用下聚集形成了地球，太阳系也就诞生了。

最初形成的地球与我们现在所知道的地球是完全不一样的，它没有空气也没有水，像月球上那样完全没有生命的存在。但是随着时间的推移，地球的内部开始出现热能，整个星球也开始出现变化。重元素比如铁等开始沉淀到地心部位，而轻的元素漂流到地球表层。随着地表温度的降低，矿物质开始结晶，形成了地球的第一层固体岩石层。热能的流动也引发了火山爆发，同时为生命的出现铺平了道路。

↑地球形成后，其表面渐渐冷却，这使固体岩层得以形成。地球的核心部位由于压力和自然的放射性而一直保持着高温。需要大约几亿年的时间才能完全消耗掉这些热量。

空气和水

↑与月球不同的是，地球表面分布着火山。发生在大约60万年前北美洲的一场火山爆发产生了1000立方千米的熔岩和火山灰。而在更早的时间里，甚至出现过更大规模的火山爆发。

地球的岩石层形成于大约45亿年前，当时的火山比现在要活跃多了，地球表面到处都散布着火山爆发冷却后沉积下来的岩石层。与此同时，火山爆发释放出大量的气体和水蒸气。较轻的气体比如氢气便上浮到宇宙空间，而较重的空气则由于地球引力作用而留在了近地球的适当位置。这样便形成了早期的大气，其中含有大量的氮气、二氧化碳和水蒸气，但是几乎没有氧气。

在大约40亿年前，地球温度降低，使得部分水蒸气开始聚集起来。最初，水蒸气形成小水滴，整个地球上空覆盖起了云层。但是随着水蒸气聚集到一定程度，便形成了第一次降雨。有些倾盆大雨甚至持续了几千年，大量的降水渐渐形成了大海，随后大洋也开始出现了。而这里正是生命诞生的地方。

频受撞击

年轻的地球常常遭到来自宇宙的碎片的撞击。大部分碎片是由尘土构成的，但是极具破坏力的陨石也会一次次地撞击地表。

在地壳形成后不久，可能曾有另一个星球撞击进入地球之中，使地球的重量增加了一倍，这也几乎把地球撞成两半。

一些科学家认为，月球很有可能是在这次撞击中形成的。根据这种理论，撞击过程中有大量的岩石散到宇宙中，之后又因为地心引力作用而聚集到一起。另一种可能性是，月球是作为一个完整的球体，在靠近地球时被其俘获的。

岩石的循环

在月球上，陨星撞击留下了永恒的环形山，因为没有什么可以将之消磨夷平。然而，地球的表面却长期接受着风、雨和冰雪的洗礼改造。火山爆发则带来更加巨大的变化，其不仅促成了山脉的形成，而且使得大陆板块一直处于移动状态。这些变化从海洋和大气最初出现时就已经开始了，岩石也因此被分解成细小的颗粒，并被冲刷到河流中，最后被带入大海。在这个过程中，岩石颗粒沉积下来，构建起海床。几千年以后，这些沉积物转变成坚固的岩石。如果这些岩石被向上抬升，就可以形成干旱的陆地，则岩石的循环就将再一次进行。

在世界的很多地方，地壳就像一个很大的三明治，由很多几百万年前沉积下来的岩石构成。这些岩石层记录着地球的历史，并显示岩层形成时的状况。

岩层中的化石也可以告诉人们，在那一时期地球上存在着哪些生命。

氧气的形成

↑在美国的"大峡谷"，河水将岩石向下冲刷出1600米的深度，这是地球上可以看到的最大的深度。峡谷底部最古老的岩石大约形成于20亿年前。

地球最初形成的岩石层已经看不到任何痕迹了，因为它们早已经被破坏掉了。迄今为止发现的最早的岩石层大约形成于39亿年前，这些岩石中不存在化石。尽管如此，科学家们还是相信，当这些岩石形成时，生命已经开始起步了。这些原始生命存在于地球上氧气非常稀少的时候。但是在接下来的20亿年中，大气中的氧气含量开始渐渐上升，直到其达到21%的比例——这也正是如今氧气在大气中的含量。神奇的是，这种变化完全是由生命体带来的，负责该项转化工程的生物是微小的细菌：通过阳光、水和二氧化碳，细菌渐渐形成一种生存的方式，即光合作用——细菌从空气中获取二氧化碳，而将氧气作为副产品释放出来。每一个细菌释放的氧气量都很小，但是经过万亿代的努力，大气中开始出现大量的氧气。没有这些早期的细菌，空气根本不适宜呼吸，动物类生命更不可能存在于地球上了。

一 每年，地球都受到几百颗陨石的撞击。1996 年，美国国家航空航天局的一组科学家调查了被认为来自于火星的编号为 ALH84001 的陨石，并宣布在陨石中发现了细菌。但是，此后很多科学家都对此发现表示了质疑。

生命是如何起源的

没有人确切知道生命到底是如何起源的，或者这个神奇的事件到底发生在什么地方。但是，每年科学家都在向真相靠近一步。有两点几乎是肯定的，一是生命的产生出现在很久以前，二是最初的生命形式远远比如今任何一种生物都简单。

有些人相信，生物是被特别创造出来的，其最初产生仅在几千年前。但是几乎全世界的科学家们都不同意这一观点，他们认为生命开始出现于几十亿年前，当时的地球还刚刚形成不久。他们也相信生命经历了偶然的化学反应，最后形成了生物。这个过程可能不仅发生在地球上，在宇宙中的其他星球上也可能发生，并存在着生命。

核心材料

生命的形式具有不可思议的多样性，但是追根溯源，它们都用了相同的方法得以存活下来。它们都是由细胞构成的，每个细胞中都含有一套完整的基因。细胞就像是微小的泡泡，外面有一层特殊的膜将之与外部世界隔离开来。细胞可以利用其周边环境中的能量，进行繁殖和生长。基因是更为重要的物质，其中包含了构成细胞并使之运作的所有信息，它们可以自行复制，在细胞繁殖时可以将信息传递下去。

为了弄清楚生命的起源，科学家们试着猜测细胞和基因的由来。由于这两者的结构都是非常复杂的，因此它们的形成几乎不可能是出于偶然。它们可能是从更简单的构造一步一步发展而来的。经过很长一段时间和随机的化学反应，可能就构建起生命所需的基本材料。

神秘的世界

50 多年前，有一位美国的化学家斯坦利·米勒进行了一个实验，旨在模拟早期地球上的情况。经过完全随机的反应后，一

↑ 图中正在重新进行斯坦利·米勒的著名实验——生命的起源。一位科学家正在调试设备。最初的实验过程需要很多天。

些以碳元素为基础的化学物质开始生成，这些化学物质在现今的生物体内也可以找到。米勒的实验结果轰动一时，不过此后，科学家们有了更多引人注目的发现。含有碳元素的化学物质被发现存在于陨星和彗星中，甚至在宇宙间也发现了这类物质。这些物质远远简单过任何一种基因，虽然它们是完全没有生命的，但它们是构成生命体的一种化学元素。

最近，有一些研究人员指出，来自宇宙的化学物质可能曾经激活了地球上生命起源的历程。也有些研究人员甚至提出，有生命的微生物很有可能就是来自于地球以外的宇宙空间。但是大部分科学家倾向于认为地球上的生命是土生土长的。随着含碳的化学物质变得日益多样和复杂，生命在一个受庇护的环境中逐渐形成的了。

在早期的地球上，到处分布着火山，陆地上一旦有结构比较复杂的化学物质生成，也很快被火山爆发毁灭了。相较而言，海洋是比较安全的地方，海水适宜溶解化学物质，并使得它们可以产生反应。在几百万年的历程中，雨水将化学物质冲进了大海，于是很多含碳物质开始渐渐形成，酝酿出通常被称为"原始汤"的物质。

化学工厂

广阔的大海有利于化学物质的混合，但并不是适宜复杂分子形成的理想场所。很多科学家认为，海床上或者岩石的洞穴中是较为合适的地方。岩石晶体成为化学工厂，使得大分子得以形成。与此同时，溶解的矿物质也可能为它们原子之间的连接提供了所需的能量。在这些矿石中有大量的热液喷口，这也使生物学家们相信这里可能是生命的摇篮。

在生命确切出现之前，即前生命时代的很长一段时间中，大量随机的化学反应制造了各种含碳元素的分子。有些分子可能充当了催化剂的角色，使得化学反应加速了几千倍甚至几百万倍。在某一时刻，一项重大的事件发生了——出现了一个可以自行复制而且可以存活足够长的时间来进行"繁衍"

↑活的叠层石沿着澳大利亚的鲨鱼湾沿线分布。叠层石是地球上最为古老的生命迹象之一。

的分子。从这一刻起，生命就开始起步了。

共享过去

至此的所有内容都只是猜测，没有一点是可以被证明的。但是在生命出现以后，有证据显示其很快就遍布了整个海洋。称为"叠层"的细菌堆化石，被认为形成于34亿年前。虽然其全盛期已经过去很久了，但是现今仍然存在活的叠层石。

在生命的久远历程中，进化出了几百万个不同的物种，但是它们都拥有相同的细胞膜，它们的基因也具有完全相同的化学编码。这几乎可以肯定，如今的生物在远古时代有着同一个祖先——很久以前在海洋中形成的生命。

生物圈（上）

在过去的 37 亿年中，生物遍布了整个地球。它们的家——生物圈，环绕着整个地球。

地球的直径大约是 12000 多千米，但是生物圈从顶部到底部不过 25 千米。如果地球是足球一样大小，那么生物圈的厚度不会超过一张纸。但正是在这个圈中，包括了地球上的所有生物——从最高的树、最庞大的动物，直到最小的微生物。这个圈里有些生物因为生存条件的理想而数量繁多，也有部分生物因为过热或者过冷的环境使其难以生存，分布也就非常少了。

高空生命

如果从宇宙开始向地球探测，那么最先发现生命的地方是在离地面 2 万米的高空。没有一种生命会在这个高度度过其整个一生，但是微生物、孢子和花粉却常被风带到这里。一旦它们被带到这里，就需要好几天甚至好几个星期的时间才能落回地面。

在海拔 1000 米的地方，开始出现飞行生物。生物圈的这一部分是昆虫和鸟类的家，天空是它们的交通要道。鸟类是飞行生物中的强者，但是昆虫在数量上超过鸟类很多倍——一群蝗虫可能就含有 7 万吨的虫体，扇动着几十亿张薄膜般的翅膀。

陆上生命

探测向陆面方向继续推进，几乎立即就能发现生命的存在。事实上，在生物圈的有些部分活跃着大量生命，根本无须等到探测到地面。在赤道附近，树木在明亮的阳光、大量的雨水和整年的高温条件下长势旺盛，结果便形成了茂密的热带丛林，是地球上最为肥沃的动植物生活地

之一。

逐渐远离赤道，生物圈内变得越来越不拥挤，居住环境也渐渐发生变化。根据地球的气候类型，从热带雨林过渡到灌木地，之后过渡为沙漠。在沙漠地区，特别是年降水量少于 5 厘米的地区，分布的生命数量很少。 进一步向南和向北推进，在地球的温带地区，气候比较湿润，在生物圈的这一部分，生长了大量的动物和植物——虽然在物种数量上比在温度更高地区要少。

在极地和高山，强风和严寒使得生命很难存活。干旱也使得生存更为艰难，比如在南极洲的"干谷"中，已经有 100 多万年没有下过雨或者雪了。这些荒凉的地方是生物圈中生命最为稀少的地方，也是地球上最接近火星表面环境的地方。

2

1

地下生命

　　生物圈并不止于地面，相反，它在地下仍得以继续。肥沃的泥土中有大量帮助生物遗体残骸循环的动物、真菌和微生物。生物也大量存在于洞穴中，一些细菌生存在充满水的很深的地下岩缝中，实验钻在地下2000米的地方发现这些细菌，而有些专家认为生命还可以存在于更深的地下。

1. 蚯蚓生活在土壤中，它们可以帮助植物遗体的再循环。土壤是陆地上生物圈的重要组成部分，因为大量的植物需要在土壤中生长。

2. 在沙漠中，有些植物只有在下过雨后才会活过来。而有些植物则是通过在它们的根或者茎中储存水分存活下来。

3. 在山里，黄嘴乌鸦生活在海拔6000多米的地方。鸟类擅长在海拔较高的地方生存，因为它们有羽毛可以帮助保持温暖。

4. 花粉来自于花朵。它们又小又轻，有些外形特殊，并能借助空气飘到较远的地方。

5. 温带丛林分布在地球上气温不会变得太高或者太低的地区。这些树的大部分都会在秋季落叶，然后在第二年春天长出新的叶子。

6. 草原是陆地上大型群居哺乳动物的生活地。最大的草原分布在地球的温暖地带。

7. 生活在土壤中的变形虫吃其他微生物以及一些体型较大的生物的残骸。

↓这张地表图显示了生物圈的一个片断以及生活在陆地上不同环境下的生物。

3

4

5

6

7

生物圈（下）

如果你在世界地图上随意一点，点到海洋的概率几乎是点到陆地的两倍。海洋占据了生物圈的很大部分，而几乎在海洋的各个角落，从海面到 10 千米深的水域，都能发现生命的存在。

地球有五大洋和很多面积相对较小的海。不像陆上栖息地，各个海和洋之间都是连通的，而且水处于不断地流动中。在靠近水域表面，水可以流得像河水那样快速，而在深海，水体几乎静止。因为各个海洋之间是连通的，水生物可以分布到世界的各个角落。即便如此，海洋中也像陆地上一样，划分出不同的生活环境。

大陆架和暗礁

地球上所有的海岸线加起来至少有 50 万千米长。在有些海岸，岩石会突然变得很陡峭，因此即使在离海岸很近的水域也会有几千米的深度。 而在有些地方，比如在澳大利亚和新几内亚之间中段的海床只有 70 米深。这些浅水水域是由大陆架——向海洋伸出的巨大的在水面以下的大陆边缘——构成的。大陆架仅仅占据了海洋面积的很小部分，却是很重要的生物栖息地。海底居住的鱼类以生活在海床上的生物为食，这使得大陆架成为世界上最为丰产的渔场。热带珊瑚礁中甚至生活着更多的生物。这些都是生物圈中生物最为活跃的部分。

海洋中的层级

虽然海水处于不停地流动状态，但也还是可以划出界线的，比如可以划出水表光照区和底层永久黑暗区。另一种界线可以划分出温跃层，即随着潜水深度的增加，水温

陡然降低的区域。这两种界线距海面都不深，而且还常常是重合的。这样，它们可以一起把海洋分成两层。

上一层只占据地球上咸水量的 2%，但所有需要日光才能生存的水生生物都生活在这里。在生物圈的这个重要部分，微生物藻类利用阳光进行光合作用，从而得以生长。而在漆黑的深海中，生活着所有不需要光便能生存的生物，在这里，动物生活在一个高压且常年寒冷的环境中。唯一温暖的地方就是热液喷口，从那里源源不断地涌出高温液体。

深入到海底

处于海洋中部深度的一些区域是生物圈中最为"空荡"的部分。然而，在非常深的水域中，有很多生物生

2

活在海床上。这是因为来自上层水域的很多残骸最后都沉淀下来。这些残骸形成了有黏性的海洋沉积物，水生动物在其中进进出出寻找食物。

海底沉积形成的很慢，但其可以达到 500 米的厚度。甚至在这些沉积物下，细菌仍然可以在海底岩石几千米深度的裂缝中存活——也正是在这里，生命的分布和生物圈都到了尽头。

↓这张生物圈图显示了海洋生活环境以及居住在其中的一些生物。地球的火山热量不断地创造和毁坏海洋板块，因此海洋处于不断的变化当中。大约 2.5 亿年前，地球上只有一个海洋，但是其面积等于现今所有海洋的面积之和。

1. 离海岸较远的岛屿常常会有独特的陆生植物和动物，而在其周边海域中也常会有一些特别的野生动植物。

2. 海洋表面繁衍着大量的微生藻类，以及以这些藻类为食的动物。两者构成了浮游生物——随着水流漂流的很大一个生物群落。

3. 岩石海岸线，尤其是可以阻挡捕食者的有陡峭悬崖的区域，是海鸟和海洋哺乳动物的重要繁殖地。

4. 珊瑚礁常在浅海区，深度在 200 米以内的、干净温暖的水域中。地球上很多种类的鱼都生活在珊瑚礁中。

5. 有些海床上生活着大量的海蛇尾，这类动物用它们纤细的手臂获取食物。

6. 细菌生活在热液喷口周围以及海底以下很深的含水裂缝中。

水中世界

生命起源于水中，并且自那以后生物便开始遍布在世界上所有有水的地方。如今，大型水生动物活动在海洋里，而微生物在池塘和湖泊里面繁衍。在这些环境中，物种之间的生存竞争是很激烈的。

所有生物都需要水，对很多生物来说，水同时也是它们的生活环境。水生动物多种多样，从体型微小、结构简单的，到世界上最长且生长速度最快的皆有。那么，为什么水会成为让那么多生物为之向往的家呢？一个原因是，水中的生活环境比干燥的陆地要稳定。另一个原因是，地球上有如此多的水——单是海洋就含有 14 亿立方千米的水，使其成为迄今为止世界上最大的生物居住地。

漂浮的食物

对于很多水生动物而言，进食的过程包括其在食物中穿行的过程。从拖曳的触须到多孔的嘴巴，它们可以使用身体的所有部位来帮助自己在游动的同时捕获食物。对于栉水母来说，每天捕获的食物可能不足 1 克，但是对于一头鲸来说，每天的捕获量很可能超过 1 吨。

靠这种方式生活完全没有问题，因为水中到处是飘浮的生物。有些体型很小的浮游生物是单细胞藻类，依靠从阳光中获取能量而生存。 这些藻类对于生活在广阔海洋中的生物来说是非常重要的，它们是很多水生动物的食物。但是，即使在最清澈的水域，阳光也只能照射到大约 250 米的深处，所以，水藻生活在近水面的水域中也正是这个原因，大部分水生动物都生活在这附近。

淡水水域通常比较浅，因此阳光可以照射到水底。到了夏天，淡水中生活着大量的微生物，所以此时的池水看起来总是很绿。

保持漂浮状态

陆地上的动物为了抵抗地球引力需要耗费很多能量。但是在水中，生活就容易多了——淡水的密度是空气密度的 750 多倍，非常有利于浮起生物。很多软体动物通常只是随着水流漂浮，这是在陆地上无论如

↑海洋中大型动物都是过滤水中的食物来生存的。这是一头长约 10 米的鲸鲨，是世界上第二大鱼类，它的牙齿很小，利用其腮作为滤网来捕获食物。

何也找不到的悠闲生活。

一些水生植物和动物也有可调整的"浮箱"，这些浮箱可以确保它们向着水面生长，或者使得其

漂浮在适当的水层中。

水还有其他一些好处：由于水的密度比较大，所以升温和降温所需的时间很长，不会出现突然的温度变化，这对水生生物来说是有利的；此外，要让水运动需要耗费很多能量，虽然我们经常可以看到河流从山上奔腾而下，海洋也经常因为暴风雨而

很多能量，所以涉水前行是件比较辛苦的事情。自然界中游泳速度最快的动物都是流线型的，因为光滑的体态可以帮助减少水对它们的阻力。

关键成分

由于水很容易溶解物

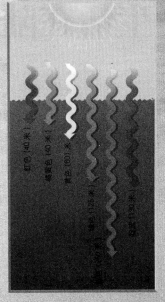

↑当阳光穿过水时，其强度会逐渐减弱。阳光中的红色和橘黄色部分被最先吸收，而蓝色可以照射得最远。在海洋和深的湖泊中，250米以下的水域是漆黑一片的。

掀起狂澜，但是地球上的大部分水的流动都是很缓慢的，这使得水生环境通常都是很平静的。

但是水的密度较大也有一些不利之处：与空气相比，水"又稠又黏"，因此在水中行进需要耗费

质，因此在自然界中很少能见到纯水。 当水流经地面时，它将矿物质溶于其中；当水从空中降落时，它又将空气溶于其中——这对于水生动植物来说是个好消息，因为它们需要依靠溶解在水中的物质存活。溶解物质中最重要的一种是氧气，它是通过空气进入水中的。溶解在水中的氧气是看不见的，但对于大多数生物来说却是至关重要的。水温越低，或者搅动越厉害，溶解的氧气量就越多。水中的另一种重

要物质是盐，淡水中的盐含量很小，但是每千克海水中的含盐量大约为35克。如果把海水中含有的盐平铺在海床上，厚度可以达约56米。有些水生动物可以同时生活在淡水和盐水中，但是大部分水生动物要么生活在淡水中，要么生存在咸水中，如果互换生活环境则会致其死亡。

生活在陆上

几乎所有的开花植物和大量的动物都生活在陆地上，此外还生活着很多种类的微生物。与生活在水中相比，在陆地上生存的艰难程度是令人吃惊的。

由于我们人类生活在陆地上，所以很容易将陆地想象成一个理想的居住环境。但事实却与之相去甚远：在陆地上的生活是艰辛的，需要生物拥有特殊的适应能力才能存活下来。地表环境变换多样，因此陆地的居住者们得以发展出多种多样的生活方式。

←坚硬的外壳使得甲壳虫可以穿过狭窄的空间，并且其翅膀不受任何伤害。而且因为其外壳是防水的，所以还可以防止甲壳虫因失水而死。

↑非洲象是如今生存在陆地上体型最大的动物。对于体重如此大的动物来说，躺下去要花费很长时间。浸在泥沼里或者洗澡是它们日常生活中较为常见的部分。

承受重力

当宇航员从宇宙返回时，他们需要一段时间来适应地球的重力作用。同样情况也发生在远古时代——当生物第一次从海洋中来到陆地上的时候。重力作用对水生生物的影响很小，却可以使陆上生物垮掉。

动植物为了避免这种厄运，都建立起了自己的一套特殊的"加固"体系。就植物而言，它们利用木质茎——一种坚韧但有弹性的材质，可以支撑起世界上最高的生物。动物则依靠更为坚硬的物质——一套骨架，包括贝壳和骨头来支撑躯体。昆虫骨架就像一个容器裹住身体，但是对于多骨的动物来说，其骨架通常是支撑在身体内部的。一些恐龙骨架曾经支撑起 50 多吨的体重，可以表明这套系统是多么成功。骨架要强硬，并不意味着骨架一定要大——一匍来自非洲的盎，脊骨非常强壮，可以容许一人踩在其背上而不断。

干旱时节

重力不是陆生生物需要应对的唯一问题，干旱问题对于它们来说同样严重。解决的方法之一是生活在潮湿的地区——青蛙和蟾蜍，还有一些生活在泥土中的动物采用的策略。但要找到一个潮湿的环境并不总是那么容易，即使找到了，这些湿地也总会渐渐变得干涸。动植物要在陆地上成功生存的真正要诀在于：需要掌握如何保持自身含有的水分不流失的技巧。

在动物中，鸟类和爬行动物靠皮肤来实现这一目的——皮肤就像是翻过来的雨衣，可以阻止水分逃到外部的空气中去。

每天，我们需要饮用水来保持体内水分，但是很多沙漠动物可以从食物

↑飞行是非常高效的行进方式：在一天之中，这些生活在中非的洋红色食蜂鸟可以飞行 100 千米去找寻食物。

中获取所需的水分。昆虫则更善于此道，因为它们的整个身体就是一个储水桶，很多昆虫都是食用干粮，一生中从来没有喝过一滴水。

植物是不动的，但它

↓一只长颈鹿正在低头喝水。与人类不同的是，长颈鹿所需的水分大部分来自它们的食物，因此它们可以好几天滴水不进。

们可以在湿润的时候将水储存起来，在干旱的时候使用。仙人掌中储存的水分足以装满一个浴缸，而在猴面包树中储存的水分甚至可以填满一个小型游泳池。

↑一只小绿树蟒从卵中孵化出来，这是它第一眼看到这个世界。爬行动物是最早进化出防水的卵的动物，这使得它们在干旱的地方也能继续存活。

陆上繁殖

最后一点也是最重要一点，不论植物还是动物都需要繁衍后代，以使种族得以延续。开花植物的种子外有种皮，可以用来抵御严寒、酷暑和干旱。很多陆生动物产下防水的卵，而大多数哺乳动物则有更为特别的繁殖方式——它们的后代生活在母体中满是水的子宫内，从而让其远离来自外部世界的危险。

生命的进化

通过研究化石，科学家们可以看到在遥远的过去地球上的生命情况。这些研究表明，生物是随着时间的推移而渐渐地变化或者说进化的。

生物进化的速度非常慢，所以很难看着这种变化的发生，但是它却留下了大量的证据和线索。化石是最重要的线索之一，因为其告诉人们如今已经灭绝的物种，及其发生变化的方式。今天存活着的生物也可以提供线索，因为进化在生物从骨架到基因的各个特征中都留下了痕迹。

伟大的辩论

200 多年前，大部分自然主义者相信，生命只有几千年的历史。他们也认为生物或者物种总是保持在一种形式上。但是科学家研究了地球上的化石，渐渐发现我们这个星球已经很老了，并且有大量曾经存在，但是后来灭绝了的生物曾生活在这里。1859 年，英国的一位叫查尔斯·达尔

文的自然学家出版了一本书，使得上述发现有了极大的意义。这本书叫作《物种起源》，它提出了生物进化的依据，也解释了进化发生的原因。

从此以后，进化成为辩论的焦点。一方面，一些人反对整个进化理论，因为这与他们的信仰不符。另一方面，包括大部分的科学家在内的人基本都确信生物进化的确发生了。

变化和适应

达尔文的《物种起源》一书发表两年后，在一个德国采石场的工人们发现了世界上最为著名的化石之一，这块化石

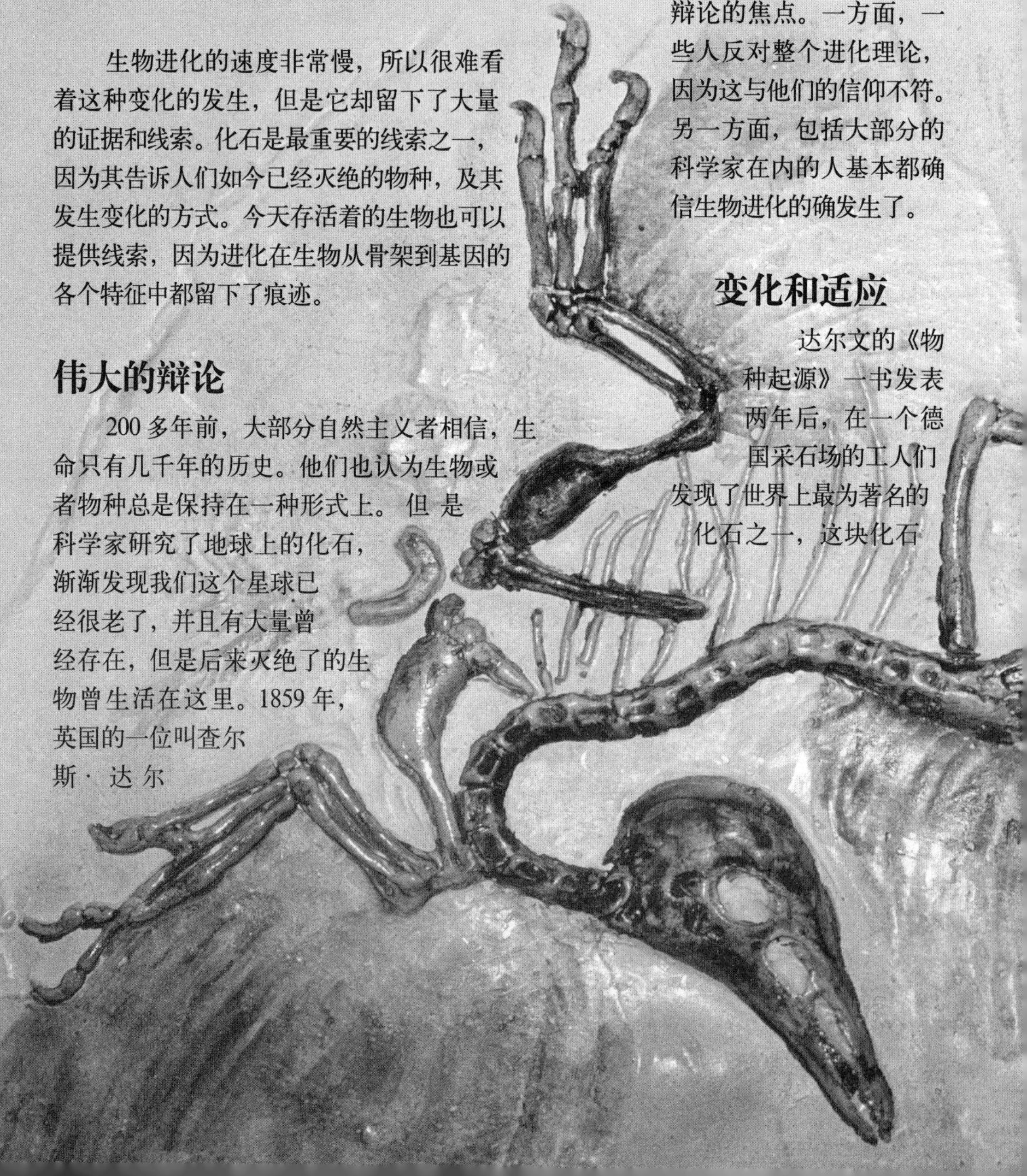

被称为"始祖鸟"化石，它长有翅膀和羽毛，但是它也有牙齿，手指上有爪，还拖着长长的带骨的尾巴。始祖鸟是一种早期鸟类，但是它的牙齿、手指和尾巴使得其与现今的鸟类大不相同。化石研究专家们认为，关于始祖鸟的分析，极大地支持了达尔文的进化论，它很明显是从爬行动物进化而来，但其特征又显示它并非爬行动物。当物种进化时，相应的调整使得动物能够更好地

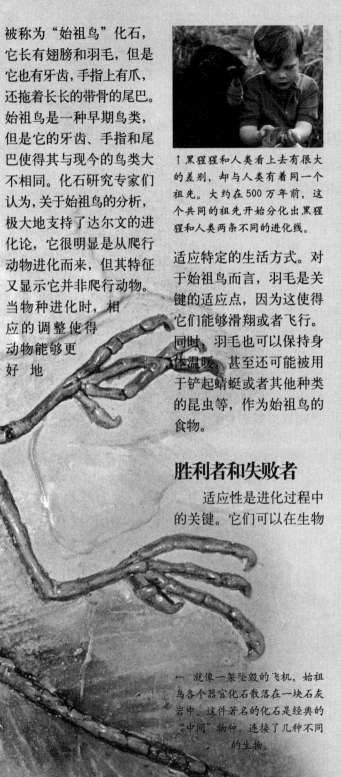

↑黑猩猩和人类看上去有很大的差别，却与人类有着同一个祖先。大约在 500 万年前，这个共同的祖先开始分化出黑猩猩和人类两条不同的进化线。

适应特定的生活方式。对于始祖鸟而言，羽毛是关键的适应点，因为这使得它们能够滑翔或者飞行。同时，羽毛也可以保持身体温暖，甚至还可能被用于铲起蜻蜓或者其他种类的昆虫等，作为始祖鸟的食物。

胜利者和失败者

适应性是进化过程中的关键。它们可以在生物

← 就像一架坠毁的飞机，始祖鸟各个器官化石散落在一块石灰岩中。这件著名的化石是经典的"中间"物种，连接了几种不同的生物。

中形成各种特性——从生物的外观到其行为方式。但是，达尔文注意到，这种进化并不是在一代生命中就可以完成的，而是需要经历很多代，通过一种叫作"自然选择"的过程来实现的。进化过程是如此的缓慢，但是只要积累到一定时间，进化的效果就显现出来，新的物种也就诞生了。

从生命起源的那一瞬间，进化就开始了，生物就开始彼此竞争以求生存。这个过程至今仍起作用，形成新的适应性，从而帮助生物获得成功。物种灭绝也是进化的一部分，因为它将适应过程中的"失败者"清除掉，给新的和适应能力更好的生物带来更多的发展机会。世界上99%的物种，包括始祖鸟，现在都已经从这个世界上消失了。但是，虽然始祖鸟已经灭绝，其他长有羽毛的飞行类动物生存了下来——它们的后代现在都自由地翱翔在天空中。

更多资源获取 扫码

生命时间线（上）

如果说整个地球的历史可以浓缩成一天的话，那么，第一个生命符号在第一缕曙光出现之前很早就产生了。不过直到大约晚上 9：30 才开始出现类似今天存活着的动物。

为了了解地球漫长的历史，科学家将过去分为不同的阶段。最长的阶段被称为"代"，代又分为不同的"纪"，纪有时被分为更短的阶段，称为"世"。生物在这些不同的阶段之间进化，在它们死亡后留下了化石。在这篇文章中，你可以了解从 2.45 亿年前的古生代末期开始的漫长地球史中生物的进化演变过程。

太古代

地球的这部分历史始于 38 亿年前——目前发现的最早岩石的年龄。这一时期持续了 13 亿年，刚超过地球全部历史的 1/4。

生命出现在太古代早期，最初的生命迹象是目前在 37 亿年前的岩石中发现的化学物质遗迹。这些化学物质是一些类似于今天的细菌的单细胞微型有机生物体留下的。

元古代

元古代一词的英文"Proterozoic"指的是"早期的生命"。在这个时代中，微生物通过收集光能进化。其中比较著名的是蓝绿藻，它们的后裔一直延续至今。蓝藻细菌主要生活在浅滩海域中，有些形成了称为叠层石的大面积堆积物，在元古代的岩

38 亿～25 亿年前

硫化裂片菌（喜热菌）

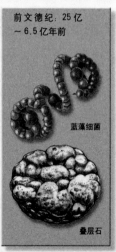

前文德纪：25 亿～6.5 亿年前

蓝藻细菌

叠层石

文德纪：6.5 亿～5.4 亿年前

恰尼虫

寒武纪：5.4 亿～5.05 亿年前

皮卡虫

三叶虫

石中留有化石。

大约在 10 亿年前，生命向前迈进了一大步，出现了第一种动物。起初，它们非常微小，但是相较于早期的生命形式却更为复杂，因为它们体内存在许多细胞。到了元古代末期的文德纪，动物开始多样化，这些早期的动物包括一种生活在海底的一簇羽毛状的恰尼虫。

古生代

古生代共分为六个纪。第一个称为寒武纪，在这一阶段，动物开始进化出壳和其他坚硬的身体部分。这场生物学革命创造出了许多新生命形式，包括三叶虫及其他节肢动物、软体动物和皮卡虫之类的早期脊索动物。脊索动物是包括人类在内的所有脊椎动物的祖先。

海洋生物在奥陶纪继续扩张。奥陶纪末期，鲨及其他节肢动物非常常见，一些动物开始踏出了它们迈向陆地的第一步。

志留纪的海蝎子是 3 米长的庞然大物，鱼类在志留纪也比较常见。早期鱼类没有颌，在志留纪中，鱼类进化出了带关节的颌，这就使它们异于早期鱼类，能将食物咬碎。

到了泥盆纪，鱼类成了最大的海洋动物。4 米长的邓氏鱼有着板状的牙齿，可以将食物一撕为二。然而，这一阶段的陆地上，生命有着更为多彩的发展——从鱼类进化而来的有四肢的两栖动物。

石炭纪中，无边无际的森林中出现了最原始的飞行昆虫，最早的爬行动物也始于此时。到了二叠纪，它们就成了陆地主宰。异齿龙和基龙是体型最庞大的爬行动物，两者背上都有"帆"，可以用于调节体温。二叠纪晚期还出现了大量的兽孔目动物，这些类似爬行类的动物是哺乳动物的祖先。但最终这些动物以大量死亡并灭绝而告终。

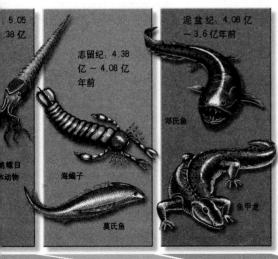
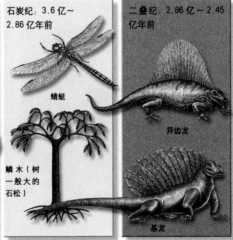

志留纪：4.38 亿～4.08 亿年前

泥盆纪：4.08 亿～3.6 亿年前

石炭纪：3.6 亿～2.86 亿年前

二叠纪：2.86 亿～2.45 亿年前

5.05～3.38 亿

邓氏鱼

海蝎子

莫氏鱼

鱼甲龙

蜻蜓

鳞木（树一般大的石松）

异齿龙

基龙

生命时间线（下）

在过去的 2.45 亿年中，动植物留下了一个巨大的化石宝库。包括爬行动物时代那些令人惊叹的遗迹和早期原始人类——最终演变为人类的人猿——留下的化石。

与前页相比，本页中显示的时间线较短。如果整个地球历史压缩为一天，这里显示的仅约 1 小时。不过在这一阶段，进化出了大量生物，包括开花植物和目前为止地球上最大的动物。这段时间线涵盖两个地质时代：结束于 6600 万年前的中生代和延续至今的新生代。

中生代

中生代又被称为"爬行动物时代"。这个时代也存在许多其他生物，但是爬行动物成为海洋、空中和陆地上的最大主宰。科学家们将中生代分为三个纪。第一个叫作三叠纪。三叠纪之前就是发生了一场灾难，并导致地球上 3/4 的物种灭绝的二叠纪。

在早三叠纪，大部分陆地相连在名叫"泛大陆"的超级大陆上。这时气候温暖，树蕨、针叶树和苏铁科植物比较常见。三叠纪的爬行动物包括一些早期滑翔脊椎动物。进化也产生出了一些奇怪的动物，如长颈龙，它们可以在岸上利用超长的脖子捕鱼。

恐龙的进化在三叠纪进入了末期，不过侏罗纪标志着它们统治的最高

三叠纪: 2.45 亿～ 2.08 亿年前

长颈龙

树蕨

侏罗纪: 2.08 亿～ 1.44 亿年前

鱼龙

始祖鸟

跃龙

白垩纪: 1.44 亿～ 6600 万年前

速龙

木兰

第三纪: 古新世 6600 万～ 5800 万年前

渐新马

第三纪: 始新世 万～ 3600 万年前

草

峰。由于气候变得更为潮湿，有些植食物种的体型达到了令人难以置信的地步，这些食草动物同样成了体型巨大的食肉动物的捕猎对象。跃龙就属于食肉动物，体重可以达 3 吨。鸟类由带羽恐龙进化而来，最早可追溯到侏罗纪。

白垩纪出现的开花植物引发了大量昆虫的进化。飞行的爬行动物——翼龙，通过皮质的翅膀在空中翱翔。其中一种称为羽蛇神翼龙，翼展可达 12 米，是最大的飞行动物。6600 万年前，地球被一颗巨大的流星撞击，使爬行动物时代遭到了灾难性的终结。

新生代

在新生代，生命从白垩纪大灭亡中恢复了过来。哺乳动物开始填补爬行动物退出留下的空白，新生代成功演进为哺乳动物时代。

最原始的哺乳动物以昆虫和其他小动物为食，到第三纪进化出大型食草动物。早第三纪，各种草本植物得到了很好的发展，一些哺乳动物可以在草原和热带稀树草原上群集生活。鸟类也得益于恐龙的消失。体型较大且不会飞的不飞鸟成了食肉动物，巨大的钩状喙可以将猎物撕成碎块。在第

三纪末，非洲出现了被称为南方古猿的原始灵长动物，其中一种类人猿是人类的直接祖先。

在早第四纪，气候变冷，开始了长时间的冰河期。哺乳动物适应了这些变化，有些高度特化的物种形成，如剑齿虎，它们可以用长达 18 厘米的锯齿状牙齿杀死猎物。人类最早出现在约 50 万年前。最初，人类靠采集和打猎为生，到了冰河期末期，也就是 1 万年前，人类开始驯养猎物和种植食物。从那时起，我们这个物种就改变了这个世界。

纪：渐新世 3600～2300 万年前

第三纪：中新世 2300 万～530 万年前

雷兽

恐象

第三纪：上新世 530 万～160 万年前

南方古猿

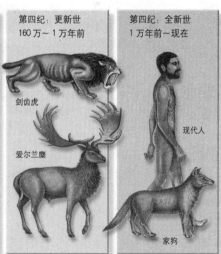

第四纪：更新世 160 万～1 万年前

剑齿虎

爱尔兰麋

第四纪：全新世 1 万年前～现在

现代人

家狗

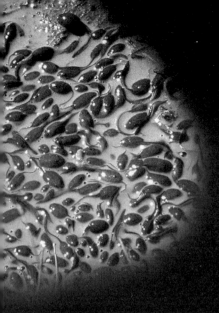

进化过程是如何进行的（上）

化石显示了生物经历的进化过程，但是却不能解释进化过程是怎么发生的和为什么发生。正如查尔斯·达尔文发现的那样，这两个问题的答案可以通过仔细地观察自然世界来得出。

在19世纪中期，当查尔斯·达尔文写下《物种起源》时，他提出生物世界中存在着进化，也解释了进化发生的原因。达尔文的突破来自于其意识到，生物之间都在为了生存而竞争，而在这场竞争中，有些比另一些更善于生存和繁衍后代。因为这些"胜利者"留下了更多的后代，它们拥有的特征也就会变得更加的普遍。换句话说，它们的物种将慢慢地发生变化。

↑不管是这个世界上最大的还是最小的生物，其度过的每一天都是一场生存的竞争。对于这些小蝌蚪而言，生命是以非常艰难的方式开场的，因为这个池塘已经开始干涸了。

一只普通的雌蛙可以产下1000个左右的蛙卵，而当这些卵孵化出来以后，残酷的生存竞争也就开始了。有些蝌蚪在孵化出来才几个小时就死亡了，因为它们遭到水生真菌的攻击，或者不能找到足够的食物。其他蝌蚪，如果被鱼类或者其他食肉动物吞食，死亡也就降临了。 到了蝌蚪变成青蛙时，只有几十只能够存活下来。但是，即使对于这些幸存者来说，生存仍然不是那么简单的：一些死于饥饿，而有些因为离水太远而干旱致死。即使它

艰难前行路

厄运，也需要面临被狐狸或者鸟捕食的危险。经过3～4年后，只有少数青蛙能够最终存活下来，从而开始繁衍下一代。

那么，谁是竞争中的胜利者呢？答案很简单——那些具备生存所需条件的"最适应者"。

传承下来的变化

对于人类来说，一只普通的青蛙看上去跟另一只青蛙没什么两样。其实几乎所有生物都是这样。但是因为大部分生物都有父母双方，它们继承的便是两组基因的混合。这使得生物拥有不同的特性，在生存竞争中也有了不同的优势和弱势。有用的基因会被继续传承下去，因为这些基因的所有者作为竞争中的胜利者更有机会繁殖后代。另一方面，无用的基因被传承下去的机

会很少，因为这些基因的所有者可能根本没有机会繁殖后代。

虽然达尔文对于基因一无所知，但是他了解生物中发生的变化。他意识到这些变化是可以被继承的，有用的变化可以随着时间发展而渐渐明显和稳定下来。变化导致了适应——也就是那些帮助生物生存下来的特性。长久以来，随着这些新的适应稳定下来，物种的进化也就实现了。

自然选择

在生存竞争中，大自然偏好那些不仅能够照看好自己，而且善于繁衍后代的生物。达尔文把这个过程称为"自然选择"。自然选择是自发进行的，不受任何控制。有些自然选择留下了那些特别强壮或者速度特别快的个体。比如猎豹，正是因为其速度而被大自然选择留下来——猎豹行动迅速，可以帮助它成功捕获猎物。但是强壮和快速并不绝对给动物带来成功。很多昆虫也很成功，恰恰是因为它们体型很小——它们成功躲避外敌通常是靠静止不动，而不是快速逃跑或

者飞走。

自然选择也可能同时偏好不同的繁衍后代的方法。很多物种——从橡树到青蛙——把自己所有的能量都用来繁殖最大量的后代，而不是帮助自己生存。哺乳动物则相反，它们的家族比较小，父母总是尽量给后代创造一个成功的生命开端。

新的物种

自然选择在各种生物的细微变化中不断进行着。从短期来看，这些变化很小，很难看出其带来的影响。但是随着时间的积累，它们可以带来非常巨大的变化，比如：完全改变一种生物的生活方式。

达尔文很偶然地发现了这方面一个很著名的例子。1835 年，他去到加拉帕戈斯岛，发现大量不同种类的雀类，但是同时又拥有很多的相似性。此时，达尔文意识到，这些雀类都是从很久以前的同一个祖先进化而来的。

↑在一棵倒下的树的残骸旁边，一颗椰子正长出它的新叶。像所有的生物一样，椰子生存的概率取决于两个方面——从父母辈继承下来的基因和运气。

↓雌蝎把自己的后代背在身上，直至它们能够独立生长。照料整个家庭会使生活变得很辛苦，但是这样可以提高后代的存活率。

进化过程是如何进行的（下）

↑进化的速度是多种多样的。这种腔棘鱼在过去的6500万年中只发生了微小的变化。进化速度很慢的物种现在被称为"活化石"，其中有植物、微生物，也有动物。

与人类设计师不同，进化过程从来不从草稿开始。相反，它会带着已经存在的特性去适应新的生活方式。结果，每种生物中都会留下自己过去的痕迹。

人类是伟大的计划者，在我们做任何事情前，都会先决定应该怎么做，需要达到怎样的效果，从而选择最佳的材料。但是进化却是以非常不一样的方式进行的，因为推动进化的是自然选择，而大自然不会事先做好计划。因此，进化是循着一条无法预测的道路行进下去的——它可以将一种适应转换成很多新的适应，也可以走回头路，把其已经创造出来的东西抛弃掉。

鳍状肢、鳍和翅膀等多种。从外观来看，这些肢体的差别非常大，并且以不同的方式运作。但是脊椎动物的四肢有着相同的构造，用科学术语来说，这就称为"同源性"。意味着它们拥有从久远时期的同一个祖先继承下来的相同的骨架，不管它们的四

不同的四肢

脊椎动物是进化过程机动性的一个很好的例子。脊椎动物是长有脊椎的动物，它们的四肢形式包括腿、

↓与一些不能飞的鸟不同，鸵鸟还是使用它们的翅膀的——它们张开或者放低自己的翅膀以调节身体的温度。雄性鸵鸟还通过张开翅膀来吸引雌性鸵鸟。

肢是长还是短,是肥胖还是扁平。同源结构为"不同的生物有亲缘关系"的理论提供了强有力的证据。

同效结构是指那些可以实现相似的功效,但却有着不同构造的部位。比如,鸟类和蜜蜂都能飞,但是鸟的翅膀是由骨头和羽毛组成的,蜜蜂的翅膀则是由一种被称为角素的薄片状物质组成。这两种不同的构造表明,鸟类和蜜蜂是没有亲缘关系的。

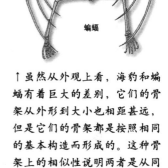

海豹

蝙蝠

↑虽然从外观上看,海豹和蝙蝠有着巨大的差别,它们的骨架从外形到大小也相距甚远,但是它们的骨架都是按照相同的基本构造而形成的。这种骨架上的相似性说明两者是从同一个远古祖先进化而来的。

放弃它

在进化过程中,当一种适应不再有用时,自然选择就会开始与之作对,直至其最后被淘汰。虽然一种适应的完全消失需要经过很长时间,但是其最终是会完全停止运作的。

鸵鸟和其他不能飞行的鸟类正是经历了这个过程。几百万年前,鸵鸟的祖先是能够飞行的,但是随着时间的推移,它们渐渐减少了在空中活动的时间,鸵鸟的先辈们开始在空旷的非洲草原上生活,遇到危险时不再靠飞行来躲避,而是更多地依赖快速奔跑。经过很多代的进化,自然选择使得它们长出了健硕的腿部肌肉,而翅膀上的肌肉则渐渐萎缩了。今天,鸵鸟翅膀上的肌肉已经无力了,用于飞行的羽毛也变得柔软稀松,不再坚硬了,就算张开了翅膀,鸵鸟也不可能飞上天空了。

精确的工程

自然界中有大量的适应现象都是按照这种方式被抛弃的:一些爬行动物没有脚,而很多穴居动物只有很小的眼睛。人类也有很多进化中的残留物,比如我们的一些头皮肌肉最初是被用来移动我们的耳的。

但是,构造比较复杂的器官,比如眼睛和耳朵,最初是如何进化的?自然选择能够创造出像上述这类精巧的器官吗?对于这个问题,大部分生物学家是持肯定回答的。像所有其他适应一样,眼睛和耳朵也是经过一连串很小的步骤而进化而来的,在每一个进化阶段都会产生一个有用的特征。看看如今动物的眼睛我们会发现,各种动物的眼睛有着极大的差别,有些仅仅能在黑暗中感知光线。但是在长远的未来,自然选择可以将这些眼睛进化得像人类的眼睛一样复杂。

基因和DNA

当科学家们最初研究进化时，不明白生物是怎么从父母处继承其特性的。如今，经过 50 年的潜心研究之后，我们已经知道，关键在于基因和DNA。

不需要成为一个科学家你也同样知道猫会生出小猫，而母鸡会孵出小鸡，而不是猫会生出小鸡，母鸡会孵出小猫。但是，是什么使得动物或者植物的幼体与它们的母体很相像呢？为什么有些特征，比如说眼睛的颜色，会代代遗传下去而不会变成混合色？直到 20 世纪 50 年代，这些问题都始终难以得到解答，因为没有人知道细胞是怎样储存制造生命所需的"指示"的。1953 年，科学家们拆开了 DNA 分子，问题也就迎刃而解了。

DNA 是怎样运作的

DNA 或者称为脱氧核糖核酸，是一种非常重要的物质，它是唯一可以自行复制的化学物质，也是少数可以储存信息的分子之一。DNA存在于所有生物的细胞中，当细胞分裂时，它会进行自我复制，这样它所含的信息可以被传递下去。

大部分化学物质都有着相似的结构，换句话说，

细胞核

它们的原子都是按照相同的方式排列的。但是 DNA 不同，它的分子有两条主要的螺旋形结构链，由被称为"碱基"的化学物质连接起来。这些螺旋形链是相同的，但是上面的碱基类型可以分为四种，可以被按照任何顺序排列起来。这些碱基就像是只有四个字母的字母表，拼出分子上的指令。在细胞分裂前，这两条链会松开，每一条会重新构成新的配对链。通过这个方法，这些指令就得到了传递。

遵循指令

与生活中印刷好的一套文件指令不同，DNA 分子不是按照段落或者标

↑动物从它们的父母双方中分别继承下一套基因。这只猫继承了条纹毛色和绿色眼睛两大特征。当它生育后代时，会将这两个特征传递下去。

↑这只猫继承了高黑素的毛色特征。黑素是一种黑色的色素，在动物皮毛、羽毛和皮肤中很常见。

细胞

← 在大部分细胞中，DNA是储存在细胞核中或者说控制中心的。每个细胞有好几个DNA分子，组合成"X"形，这被称为染色体。

题来划分的，而是有自己的标记方式。

每组特殊序列的碱基就是一个开始和结束的标志，显示了每个指令的

这两条DNA分子链相互盘旋，像一架螺旋状的梯子，梯子的横档是一种被称为"碱基"的化学物质相互配对而成。碱基就像是字母，拼出DNA分子中含有的指令信息。

起始点，这些指令被称为基因。在一个DNA分子中，可能会有几千个基因的存在，整套基因中含有了构建一个生物，并使其运转所需的所有信息。

由基因编排起来的指令是多种多样的：有些基因决定物理特征，比如皮肤或者眼睛的颜色；很多基因则控制化学过程的速度；另外一些则作为"控制性"基因，激发或阻断其他基因的功效。一小部分基因只在有紧急情况出现时才会运作起来，比如当细胞遭到病毒的侵害时，自杀基因便会使细胞进行自我毁灭。

自然变化

如果两种动物或者两种植物有着相同的基因，它们几乎在各个方面都是完全相同的。在自然界中的确有这样的情况发生，但并不常见。相反，大部分生物会继承下一套独特的等位基因而不是相同基因。"等位基因"与"相同的基因"在意思上还是有细微差别的。所以，生物都会形成各自的特性。这种变化是很重要的，因为它使得物种得以进化。

基因变化主要出现在有性生殖当中。在这种生殖方式中，来自于父母双方的等位基因结合混淆在一起，创造出新的混合体，并且传承下去。比如，一只猫可能从双亲之一中继承了黑色的皮毛和绿色的眼睛，同时也可能从祖父母辈中继承下白色的爪子，虽然其双亲中没有一只猫是具有白色爪子的。这种现象之所以发生是因为有些等位基因可能被其他基因所掩盖，没能在下一代中体现出来。隔代或者更多代以后，这一掩盖被去除，特性也就显现出来了。

基因之外的因素

基因掌握着大量的生物特征，但是它们并不确切地规定生物到底应该长成什么样子或者应该怎样生活。比如，一个动物如果吃得好，那么它可以长到该种动物可能的最大体型。但是如果天天挨饿，那它肯定是瘦骨嶙峋的。动物也会继承本能行为，这些也是由它们的基因编排决定的。但是很多动物也会学习一些行为方式，这依靠的是生活经验。植物就更不具定性了，它们的外形部分取决于基因，此外还很大程度上取决于其生活的环境条件。

为生存而适应（上）

世界上有 200 多万种生物，却没有两种是完全相同的。因为每种生物都遵循着它自己的进化路线，所以进化出很多各自不同的适应环境的本领。

如果生物的各个方面都已经可以让其生活很完美了，它们也就不需要做出什么改变了。但是在自然界中，没有什么是完美的。相反，自然选择始终在进行着，极大地推动了任何可以帮助生物在生存竞争中获得优势的特征的发展。这样的过程已经经历了 30 多亿年了，因此已经积累了足够的时间来形成大量的适应特征。在自然界，到处可以找到这种适应现象，有些很显眼也很容易明白，有些就比较难以发现，并且其原理也是令你非常意想不到的。

因为阳光

在铺满灰烬的火山坡上和岩石海岸下的涡流中都是再艰难不过的生存环境了，因此这里的动物和植物进化出特殊的性征。

在夏威夷群岛，银字草生活在地球上最高的火山上，它的叶子上覆盖着一层柔软的细毛，这可以帮助其不被耀眼的阳光烧焦。但是在加利福尼亚州的险滩下，一种被称为巨藻的海藻却存在相反的情

↑ 银字草进化到使自己能够适应海拔较高地区的生活——在那里光照非常强烈。正是这种适应能力使得其可以生活在其他生物不能生存的环境中。

况——为了获得阳光，它需要从 50 米深的海水下努力向上生长。它是怎样做到的呢？原来是海藻叶子中的充气气囊帮助其在生长时一直保持向上。

动物的适应性

在动物世界里，进化甚至更具创造力。与植物不同，动物可以移动，可以吃食物，因此自然选择需要发展出一些非常特殊的适应来满足它们各种不同的生活方式。我们的手指就是一个例子，它们使人类可以以无数种不同的方式将东西捡起来或者拿

← 巨藻的每片叶子上都有一个内在的、用于储存气体的气囊。这些气囊支撑起长达好几十米的植株。

在手上。但是说到手指功能，人类甚至都不能与指猴相比。栗鼠猴是一种外貌奇特的灵长类动物，生长在马达加斯加岛的丛林中。与人类一样，栗鼠猴也有5个手指，其中一只为大拇指，但是它的中指比其他手指要长出很多，也要纤细很多，栗鼠猴把它用来当鼓槌，在其爬树的时候敲打树枝，如果敲打发出的声音听起来是中空的，它就把树枝拧下来，挖出生活在里面的昆虫幼虫作为食物。

躲起来

　　自然选择创造出各种各样不同寻常的身体部位——从瘦瘦的手指到可以像鱼叉一样使用的口器。另一方面，自然选择也可以创造出全身效果的适应本领。在动物世界中，到处都是具有惊人的伪装能力的生物，这些都要感谢其特殊的体腔、外壳和皮肤。一些生物可以混入它们生活环境中的背景中，而有些则可以将自己模仿成不可食用或者含有危险物质的事物。

　　动物的伪装术是自然

↑在其"便携式"盔甲的保护下，一只犰狳正在空地上溜达。这种盔甲是由小小的骨片组成的，除了其身体下侧以外，几乎覆盖了犰狳的全身。

选择产生适应性的很好证据，而要探其进化的究竟也不是一件难事：如果一种动物比它的亲缘种类更善于躲藏，那么它被发现和吃掉的可能性也就相对较小，从而可以有机会繁殖出更多的后代。就下一代而言，其中最善于躲藏的个体也就是最容易生存下来的个体。上述过程经历几千次甚至几百万次以后，形成了今天我们所见到的动物非凡的伪装能力。

动物的盔甲

　　在生命的长河中，盔甲动物已经进化了很多代了。今天，这类动物包括穿山甲、犰狳和龟类等。在过去，盔甲动物还包括体型更大的种类，比如雕齿兽，外形就像坦克一样。

　　动物的盔甲进化如此频繁，科学家称，这体现了这类生物有强大的适应能力。换句话说，这种适应性赋予动物很好的成功生存和延续的机会。

　　但与盔甲多种类、经常性地进化不同的是，有些适应性只表现在少数几种动物中，或者甚至只表现在一种动物身上，指猴的中指就是一个例子。一种被称为海笋的软体动物的外壳也是一个例子，其外壳有锐利的锋口，海笋将之作为钻头，在木头或者岩石中钻出一条道来。人类也一直在使用钻头，但是通过海笋我们可以看到，是大自然率先使用了这项技术。

为生存而适应（下）

适应性并不只是影响生物的外貌。在动物中，一些最重要的适应性是那些有关动物习性方面的。

与长腿或者利齿不同，习性似乎并不是一种适应性，你不能将之拿来检测，而且在动物死后，它也不会以化石的形式保留下来。但习性是可以被继承的，这就意味着它也会随着时间发生变化或者进化。这种习性被称为本能，它是由动物的基因决定的。像所有其他的适应性一样，本能也已经发展了几百万年了，它也帮助动物在竞争中生存下来。

适 应

在动物发展的初期，它们的习性很简单，也就是寻找食物，同时远离危险。但是慢慢地，动物开始变得越来越复杂了，它们的习性也随之复杂起来。动物进化出感觉器官感知周边环境，而各种习性给它们带来的是生存的机会。

几百万年以后，这些习性或者说本能仍然为如今的动物所拥有且使用：蜘蛛会奔向挣扎中的苍蝇，但是如果遇到什么危险，它们就会躲到黑暗的地方中去；蜜蜂会因为鲜花的香味而飞去，但是一旦闻到燃烧的烟味就会远远躲开；在秋季，很多动物都要进行冬眠——一种可以持续到来年春天的深度睡眠。动物并不需要学习这些习性，因为它们是与生俱来的。

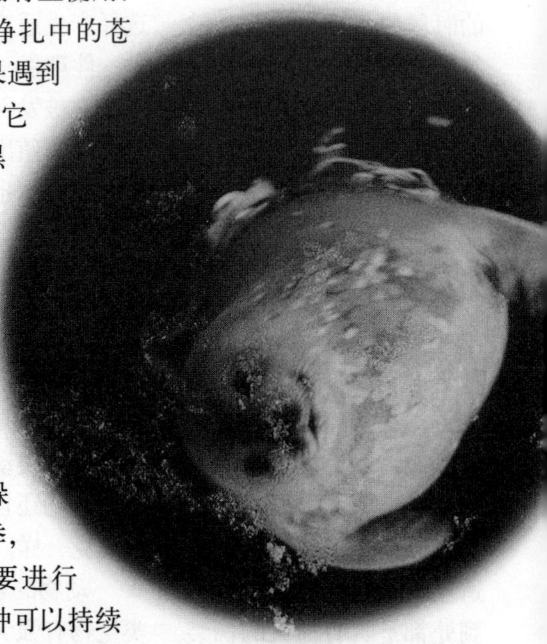

就像其他适应性一样，习性通常也能展示物种过去的生活的一些片断，比如，宠物狗在躺下

↑冬眠是一种适应性习性。它帮助动物熬过天气寒冷、食物匮乏的冬季。

↑一个呼吸孔对于威德尔海海豹来说是它的生命线，没有这个呼吸孔，生存就是枉谈。当冰块变薄时，海豹便开始凿洞。在深冬，这个洞可能有2米多深。

来前总会先绕圈走一下，这是从其祖先那里继承来的习性，目的是将地上的植物摊平，从而铺成一个舒适的窝。

习性和身体部位

　　在动物世界里，习性和身体部位通常是同时进化的，这是有原因的——没有合适的生活习性，很多身体部位将毫无用处。复杂的习性用来控制腿和翅膀，而其中最让人难以理解的习性是用来捕捉食物的：比如蜘蛛会使用不同的丝来编织蜘蛛网，但是它们不需要学习哪一种丝应该织在哪里，因为这一切都是出于本能；当它们捕捉猎物时，它们可以通过猎物的动作来判断猎物的类型，本能地区分苍蝇和会放刺的蝗虫。有时候，进化也会为动物通常的身体部位创造出新的使用方法，比如威德尔海的海豹：大约 1500 万年前，它们的祖先迁移到南极洲附近的海洋中生活，当时的气候比现在要温暖得多。随着南极洲渐渐变冷，越来越广的海域被冰雪覆盖，威德尔海海豹能够在如此寒冷的环境中生存下来，全得益于其牙齿——它的牙齿可以帮助它从厚

厚的冰块中刨出用于呼吸的孔。没有这些习性上的适应，大部分威德尔海海豹都将死亡。

开拓新的领域

　　进化也影响了动物的建筑能力。最早期的动物不懂任何建筑，但是随着时间的推移，它们的祖先进化出特殊的建筑才能。今天的动物可以建造出各种各样的窝、巢甚至陷阱。就像身体的各个部件那样，这些建筑技术也是慢慢进化而来的。比如，当鸟类最早出现时，几乎都是将蛋下在地上的（就像现在大部分的爬行动物那样），但随着时间的推移，鸟变得越来越敏捷，其中一些开始离开地面筑巢。时至 1 亿多年后的今天，有的鸟已经是世界上数一数二的建筑能手了。

↑河狸似乎懂得很多关于水坝的建筑技巧，但是它们的这些行为完全是出于本能。它们懂得在什么角度啃树根，可以使得这棵树正好倒在它所需要的位置上。

↓有时，动物的习性可以使其创造性地利用周边的新环境。鹳最初只在树上筑窝，但是在欧洲，它们通常是在屋顶上筑窝。很多其他鸟类，包括燕子和雨燕等，都能够在建筑物的内部筑窝。

趋同进化

在生物世界里，具有相似的生活方式的物种通常会进化出相似的适应性。这就会在不同物种的外观之间产生很多惊人的相似性——有时甚至连科学家也会一不小心就混淆起来。

仔细看看本页中间的两种植物：两者都有着桶状的外形，而且外表都有尖刺保护着。除非你是沙漠植物专家，否则你就会认为这两种植物之间是近亲关系。事实上，它们相差甚远：一种是来自墨西哥的仙人球，另一种是来自非洲南部的晃玉。它们看上去很相像，那是因为它们采用了相似的生活方式。

↑螳螂（上图）和螳螂蝇（下图）都有一对可以用来捕获和刺伤猎物的前腿，但是它们并不是近亲。它们这对相似的前腿是通过趋同进化而各自得来。

自然的效仿者

就像一个想法不断的发明家一样，进化最擅长创造适应性，它甚至可以给两种非常不同的物种带来同一种适应性——这种情况通常发生在当两个不同的物种具有相似的生活方式的时候，此时自然选择在它们身上产生了同样的效果。这个结果被称为趋同进化——一种使得两个物种显得越来越相像的进化过程。

仙人球和晃玉就是两个物种趋同进化的很好例子——虽然它们的生活地区相距几千千米之遥。它们圆桶形的外形可以帮助它们储存水分，而它们脊上的刺可以让饥饿的动物退却。它们

还有其他相似性，比如两者都有长长的根，而且都不长叶子。这些适性应帮助它们得以在极其干旱的栖息地中生存——这些栖息地的干旱期通常一次就长达好几个月。

↑晃玉（上图）和金琥仙人球（下图）惊人的相似。但是，前者来自非洲南部地区——根本没有野生仙人球生活的地方，它的体形粗短，但是它的一些生活在湿润地区的近亲却可以长成灌木甚至高大的树木。

隐藏的历史

世界上有很多趋同性物种，有些趋同物种看上去只有一点点相似，而有些则是非常相似，以至人类经常会将之混淆。比如，鲸和海豚看上去很像鱼，

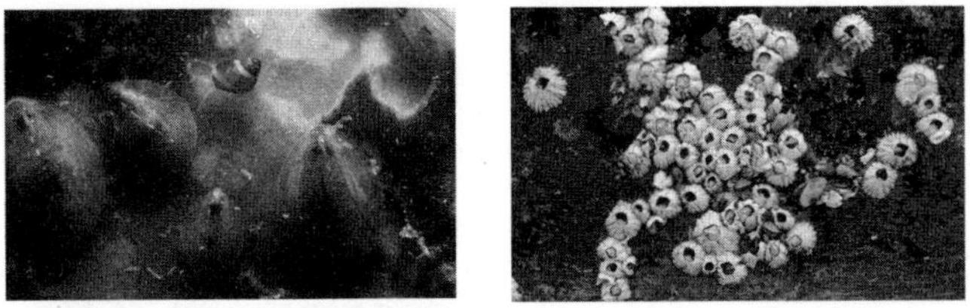

↑帽贝（左图）和藤壶（右图）都生活在没有遮蔽的环境当中，常常要受到海浪的拍打。帽贝有贝壳保护，而藤壶只有一个由多个小片组成的外壳，同样起到保护作用。

一方面因为它们都有着流线型的身躯，另一方面它们身上长着鳍状肢而不是腿。几个世纪前，很多人认为它们是一样的，但事实上，它们的趋同物种是不同的，因为它们是从不同的祖先进化而来的：鱼是冷血动物，它们通过鳃呼吸来获取氧气，但是鲸和海豚的祖先都是陆生热血动物，后来才进入到海洋中生活。经过几百万年后，鲸和海豚都适应了它们新的生活环境，慢慢地进化出像鱼一样的外形。然而，进化并不能掩盖它们的过去。这就是为什么鲸和海豚仍然是用奶来哺育它们的后代，而且仍然需要到水面上来呼吸空气的原因。

导致混淆

当科学家们试图为生物划分种类时，趋同进化会带来一些问题。要分辨出海豚是一种哺乳动物并不是一件难事，但是要弄清有些动物的真正归属则需要更具说服力的证据。比如，成年藤壶是附着在岩石上生活的，而且它们长有锐利的壳，从而保护它们不受海浪的侵袭。藤壶看上去很像软体动物，而且早期的科学家们也认为其就是软体动物，但是，它们的幼体在广阔的海洋中生活，而且长有很多腿。仔细观察就会发现，藤壶事实上是一种甲壳类动物，换句话说，它们应该是龙虾和螃蟹的亲戚。

当有亲属关系的物种朝同一方向进化时，就更容易让人混淆了，因为它们本身就具有很多相似性。为了准确认定它们的祖先，科学家们不能单靠观察其外表，而是需要通过检测它们的DNA来画出它们的进化轨迹。

趋同进化在过去和现在

趋同进化并不只是表现在如今的物种之间，它已经有很长的历史了。在史前，有一种被称为豫裂兽的动物的外形就很像大象。更早的时候，一种被称为“盾齿龙”的爬行动物看上去很像海龟，因为它们都进化出了圆形的、布满片甲的外壳。不过，最好的趋同进化的例子出现在有袋哺乳动物身上：来自南美的剑齿类有袋动物与剑齿虎长得很像，而一种被称为南美袋犬的有袋动物则与狼和熊惊人地相似。上述趋同的有袋食肉动物中，灭绝的最晚的是一种被称为“塔斯马尼亚狼”或者“袋狼”的有袋动物，其灭绝于20世纪30年代，这种不同寻常的动物是存活到现代的最大的有袋食肉动物。

物种灭绝

有些生物死亡后，其后代会继续生存下去。但是当一个物种中的最后一名成员也死亡时，这个物种就从此消失了。灭绝是进化过程的一个部分，已经灭绝的物种数量与现存的生物数量比大约是 100 ：1。

在地球上生命的发展历程中，几百万个物种经历了进化过程，也有几百万个物种已经灭绝。灭绝通常是一个缓慢的过程，因此有足够的时间来进化出新的物种。但是，偶然地，灾难或者当气候急剧变化时，会导致大量生物同时死亡。今天，灭绝是一个很热门的话题，因为人类活动正在使地球上的生物以越来越快的速度灭绝。

↑ 1.3 亿年来，翼龙是世界上最大的飞行动物，它们的翼展可以达到 12 米之宽。尽管它曾经是整个天空的主宰，这些长着皮质翼的爬行动物还是在 6600 万年前与恐龙一起灭绝了。

最后的出局者

在 19 世纪早期，袋狼是很普通的动物，这种像狼一样的有袋动物生活在澳大利亚的塔斯马尼亚岛，以小袋鼠、鸟类和其他野生动物为食。但是，当岛上开始大规模地发展畜牧业后，袋狼开始捕食绵羊。农民为了保护自己的牲畜而开始猎杀袋狼。在 19 世纪 80 年代，袋狼已经很稀有了，而 1933 年已经到了危急关头：袋狼的数量已经降至 1 只——生活在霍巴特动物园。3

年后，当这只唯一的幸存者死亡后，塔斯马尼亚袋狼也就灭绝了。

在北美，候鸽则遭遇了更富戏剧性的命运。1810 年，候鸽还是世界上数量最多的一种鸟，大约有 20 亿只还多。这个大型鸟群穿越大陆两端迁徙寻找食物，当候鸽扎根下来或者安下巢来，它们的重量可以压断一根树枝。但是它们很容易成为目标，大面积的捕猎也随之而来——最后一只候鸽死于 1914 年。

↑ 在灭绝前，候鸽主要以橡子为食，群体栖息。每一群的栖息面积可以达到 30 平方千米之广。

这两个故事说明物种灭绝是多么容易的一件事情！袋狼和候鸽都具有很强的适应环境的能力，但是在几十万年后还是灭绝了。进化没能帮助它们准备好迎接一个新的敌人——持枪的人类。

逐渐萎缩

在自然界中，物种迅速灭绝的现象很少，大多数物种的数量都是慢慢减少的，这样会给具有更强适应性的动物留出取代它们的时间。

比如大象家族，在过去的 5000 万年中，进化出很多新的、之后又灭绝了的种类，其中包括猛犸象和乳齿象，以及一种只有 1 米左右高的矮小的大象。最新近灭绝的象种是长毛猛犸象——大约在 6000 多年前。它是从上个冰河世纪期间进化出来的，但是没能适应温暖时期的回归。

有些物种生活在面积较小的区域内，一旦人类改变了它们的生活环境，它们的生命就陷入了危机。这种命运曾经降临在了渡渡鸟身上：渡渡鸟是一种体型巨大的不会飞行的鸽类，生活在毛里求斯岛上，它们一方面被人类大量猎捕，另一方面其后代又被当地引进的动物——比如猫——等捕食。1681 年，渡渡鸟便灭绝了。生活在内陆地区的"孤岛"物种也面临上述威胁。比如在哥斯达黎加，一种金蟾蜍曾经生活在山上的一小块森林中，在繁殖季节，几百只金蟾蜍会聚集到森林的池塘中，但是到了 20 世纪 90 年代，这个物种消失了。

大规模灭绝

金蟾蜍灭绝的两种可能的原因是疾病和水污染。但是在地球历史上，更大的灾难曾经扫荡了生物世界的很大一块领域，其中最有名的大规模灭绝发生在 6600 万年前——一个直径在 1 万米左右的陨石砸向了地球，恐龙和翼龙全部灭绝，从而也为哺乳动物和鸟类带来了新的生存机会。

更大规模的灭绝发生在大约 2 亿 4500 万年前。地球上几乎 3/4 的物种灭绝了。这场灭绝可能是由几个因素引起的，包括：火山爆发、气候突变和海平面突降。地球上的生命最后恢复了过来，但已经历了几百万年的时间。

虽然灭绝的危机常常发生，但是生物世界也有一些令人称奇的幸存者——科学家们在 1983 年惊讶地发现一条活的腔棘鱼，这种鱼被认为在几百万年前就已经灭绝了。在植物世界中，一种被称为"水杉"的树种被发现于 1944 年，这是"灭绝物种重现"的又一个例子。

↓这张图表显示了在过去的 5 亿 4500 万年中物种灭绝的速度是怎样变化的。并不是所有的大规模灭绝都是突然发生的，有些可能需要经过几万甚至几十万年的酝酿。通常，海洋中的物种比陆地上的物种更容易受到影响。

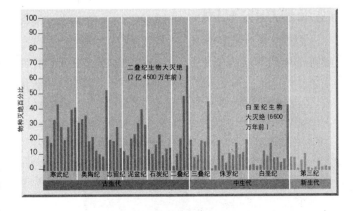

处于威胁中的野生物

如今的植物和动物生活在瞬息万变的世界里。人口越来越多，人类对生物的影响也越来越大，很多物种的生存变得越来越艰难。

50年前，大约有10万头黑犀牛生活在非洲大陆上，如今只剩下3000头左右。在1900年，地球上生存着8个不同种类的虎，如今大约只剩下5种。总的来看，5000多种动物正濒临灭绝，而濒临灭绝的植物种类也至少是这个数量，并且只会多不会少。这些数据是很可怕的，这也是很多人开始担心地球上的野生物和我们人类需要紧急行动起来的原因。

↑在英格兰，凤蝶曾经在沼泽地极为繁盛。但是当沼泽地被抽干变成农田时，这些凤蝶的数量就开始下降。

越来越小的家园

野生生物面临的最大威胁是生活环境的变化。

森林被砍伐，沼泽地正在变干，而旷野正在为越来越多的建筑物和马路所覆盖。地球表面的1/3已经被上述行为所改变，每年还有更大面积在被吞噬。在整个世界上，像这样的变化已经严重地影响到了动物和植物的生存。像蝴蝶那样的小型动物，很容易受生活环境变化的影响，但是真正失落的是像角雕那样的动物——

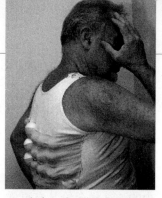

↑一个澳大利亚的海关代理人展示了一件专门被设计用来走私鹦鹉蛋的汗衫。这样的汗衫可以在走私过程中对卵起到保暖作用。

它们需要大面积的生活空间。角雕的体型很大，到了繁殖期每一对角雕需要至少250平方千米的森林来满足它们的捕食需要。随着越来越多的热带丛林被砍伐，这么大的空间是很难找到了的。

野生物买卖

人类，以及动物和植物都需要生活空间。随着人口数量的增加，我们需要更多的农田来种植更多的食物。但是生活环境变化不是野生动物需要面对的唯一问题，很多物种还面临着野生物买卖的威胁：有时，受害者是活的动物，它们被作为娱乐动物或者宠物买卖，但更多的情况下，被买卖的是野生物的

← 角雕以猴子和树懒为食，它们只能生活在不受干扰的热带丛林中，并在很高的树上筑巢。

↑野生动物保护工作人员正在检查一头被偷猎者杀死的黑犀牛。偷猎者已经开始切割这头犀牛的角，但是没来得及完成就因工作人员的到来而逃跑了。

身体部位，包括从角到骨、从皮到卵的各个部位。

一度，斑点猫曾经是捕猎的热门目标，因为它们的皮毛被大量用来制成外套。幸运的是，现在皮毛服装已经不再那么时髦了，但是人类对动物身体部位的需求仍然在每年夺去大量动物的生命：黑犀牛大量被杀，因为人类想要它们的角；大象也大量被捕猎，因为人类想要它们的牙；虎骨、熊掌、海马和蛇在东方国家都是重要的药材；鸟蛋为蛋类收集者购买。大部分的野生物买卖都是非法的，但黑市上高价的诱惑使得这种交易难以禁绝。

动物侵略者

通常，偷猎者和收藏者在交易野生物时都能意识到自己是犯法的，但是当人类将动物和植物在地球上的不同地方间"合法"转移时，野生动物也常因意外原因而受到伤害：当大约 200 年前，欧洲定居者将猫、兔子和狐狸引进到澳大利亚大陆时，就发生过类似的情况——这些哺乳动物入侵者很快繁衍开来，对于澳大利亚的小型有袋动物带来了破坏性影响。

很多非土著动物是被有意引进而来的，但是有些物种是搭了顺风车而来的。在北美，有一种被称为"斑马贝"的条纹小型软体动物是一个问题分子。1985 年，它们随着去五大湖的船只来到了北美，当船只清理其压载箱的时候，它们也就被冲进入了湖水中。从此，斑马贝开始在五大湖大量繁殖，堵塞发电站的入水口，沉没浮标，还淹没鱼类的聚食场。如果它们再进一步蔓延的话，科学家相信，一些淡水鱼类可能会因此而灭绝。

濒危植物

与动物相比，植物成为新闻头条的情况比较少，但事实上也有很多植物种类濒临灭绝。相较而言，植物甚至是更为重要的，因为很多动物都是依靠特定的植物为生的。植物的威胁来自砍伐和收集，同时，一种植物也可能受到其他种类植物的威胁。在偏远的地方，比如夏威夷岛，引进来的植物的确很漂亮，但它们对原来的植物却存在着致命威胁。95% 的夏威夷原生植物都是独一无二的，在地球上的其他地方都是不能再找到的，但是已经有一些处于灭绝边缘了，因为其他植物侵略者正在抢夺它们的家园。

拯救濒危物种

当一个物种处于灭绝边缘的时候，采取相应的紧急行动有时能将之救回。这需要做大量的工作，世界上有很多志愿者已经参与到这种拯救工程中来了。

↑曾经常见的草原土拨鼠现在需要依靠人类的保护才能生存下去了。

1980 年，地球上只剩下 5 只查塔姆岛黑知更鸟。幸运的是，剩下的唯一一只雌知更鸟很善于下蛋。今天，查塔姆岛知更鸟的数量已经回复到 250 只左右，至少现在这个物种已经逃离了灭绝的边缘。没有别的物种能够从这么少的数量重新复兴起来，倒是更多物种的数量已经下降到几十只或者几百只了——当一个物种的数量变得如此之小时，要将之从灭绝边缘拯救回来，则需要给予更多的关注和照料。

最后的机会

今天，几乎有 200 种鸟被归为濒危鸟类，鹤、鹗、鹰都排在濒危动物的前几名，但是其中最为珍稀也最为奇异的是一种被称为鸮鹦鹉"的鹦鹉鸮鹦鹉来自新西兰，是世界上唯一一种不会飞行的鹦鹉。由于生活在地面上，幼年鸮鹦鹉和卵都很容易成为白鼬和猫的美食。

在 20 世纪 70 年代，几鸮鹦鹉被圈养起来，但是没有一只能够存活下来的。20 世纪 80 年代，所有存活下来鸮鹦鹉被转移到海上的岛屿上，那里没有引进的动物，因此这些鸟可以在不受任何威胁的环境中生活。这次的孤注一掷似乎生效了，因为之后虽然也经历了数量上的起伏，但最终，这种鹦鹉的存活量已经

达到 80 只左右了。但是，每鸮鹦鹉保护工作者都知道，这种鸟类并没有真正脱离灭绝的危险，因为一个物种只有在能够依靠自己存活的时候才是真正安全的时候。

前途难卜的大熊猫

拯救一个物种涉及很多艰难的抉择鸮—将鹦鹉转移到岛上，给其带来的危害可能更大于帮助。因此，拯救行动需要一步一步进行。对于其他濒危动物而言，可以采取的策略之一是将之圈养起来，最后再放养。在有些时候，这种方法还是能够取得巨大成功的，比如，现在大约有 200 只加利福尼亚秃鹫，与 20 世纪 80 年代的 27 只相比，数量大大增加了。但是，并不是所有动物都能习惯被圈养起来的——大熊猫在圈养条件下很难繁殖，科学家们为了提高它们的数量已经努力了 40 多年了。今天，在中国大约只有几百只野生的大熊猫和 150 只被圈养的大熊猫。很多大熊猫被寄养到国外，希望能够为那里养出熊猫幼仔，因

全球范围的野生生物保护

← 两只日本鹤正在结冰的湖面上翩翩起舞。20世纪50年代，当大量湿地环境被破坏时，这种日本国鸟几乎灭绝。今天，日本建立了特殊的保护区来帮助这种鹤生存。

→大熊猫常常会生下双胞胎，但是很少有两只都能存活下来的。

为大熊猫很受关注和欢迎。这样做也能帮助其筹集起资金。但是，专家认为，保护大熊猫的最好办法是保护好它们的生活环境，这样它们就可以在野外自行生长和繁殖。

胜利者和失败者

鲸在野生动物保护史中占据了特殊地位。几百年以来，鲸遭到了残忍的捕杀，在1904年至1939年之间，仅在南半球就有超过50万头蓝鲸、鳍鲸和驼背鲸被宰杀。随着鲸的数量的急剧下降，关于捕鲸的配额制度被通过了，最后在1986年，一份完全禁止商业捕鲸的禁令生效了。从此，这些世界上最大的鲸又开始复兴起来，但也引发了对于下一步措施应该如何进行的争论——很多国家认为应当对鲸实施永久保护，但是另一些国家却迫切要求撤销捕鲸的禁令。对于一些鲸来说，就算颁布类似的禁令可能都已经太晚了，比如说北部的脊美鲸，现在的数量已经降到只有300头左右了。由于鲸的繁殖速度很缓慢，大多数专家怀疑脊美鲸是否能继续生存下来。

大多数人都在为濒危的哺乳动物和鸟感到担忧，但是受到威胁的野生动物中还包括一些不是那么迷人的物种，比如说蜗牛、蝾螈和蕨类植物等。在世界的各个角落，保护工作者们正在努力保护这些动植物，他们的工作常常是默默无闻的。

他们为什么要做这项工作？因为这些生物都是大自然的一个部分，就像世界上的所有物种一样。自然资源的保存不仅是保护我们喜欢的，或者说那些在电视中看到的非常漂亮或可爱的物种，这项工作关乎整个自然界。

↓在墨西哥西北海岸，参观者与灰鲸面对面。灰鲸从1946年就开始被保护起来，自那后，它们的数量已经上升到2万多头了。

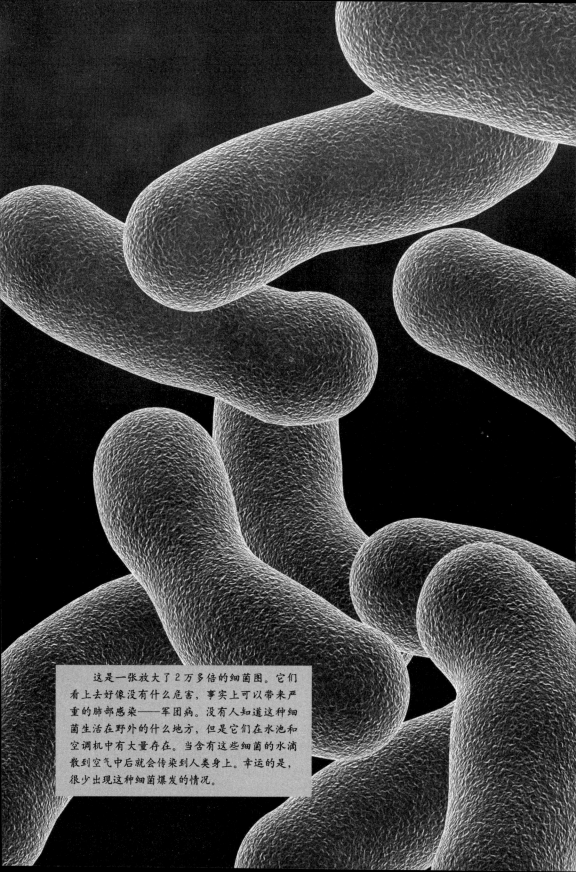

这是一张放大了 2 万多倍的细菌图。它们
看上去好像没有什么危害，事实上可以带来严
重的肺部感染——军团病。没有人知道这种细
菌生活在野外的什么地方，但是它们在水池和
空调机中有大量存在。当含有这些细菌的水滴
散到空气中后就会传染到人类身上。幸运的是，
很少出现这种细菌爆发的情况。

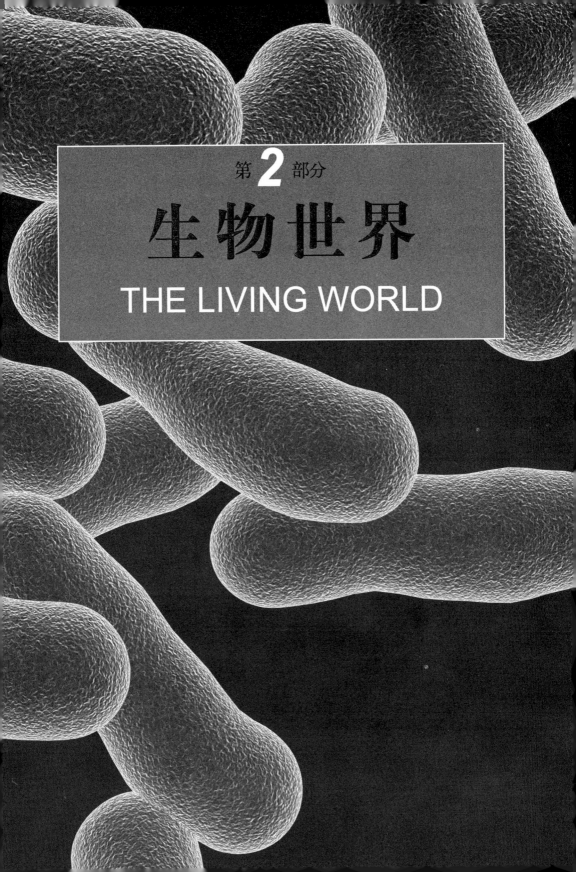

第 **2** 部分

生物世界

THE LIVING WORLD

生物的分"界"

为了了解自然界，科学家们将生物世界划分成不同的群体。最小的群体是"种"，最大的则被称为"界"——生命王国中最大的划分单位。

在科学发展的早期，大多数自然学家认为所有生物不是动物就是植物。但是，当微生物被发现后，我们知道，生命世界其实要丰富得多，单是划分成两个"界"是不够的，从此，"界"的数量增加到5个。但是，这可能还不能穷尽整个生物世界。

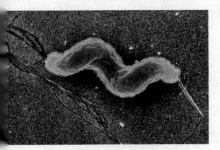

↑很多细菌都是将自己固定在同一个地方度过一生的，但是有些可以滑行和游泳。这个螺旋形的泳者是一种弯曲杆菌——一种可以导致人类食物中毒的细菌。

小型生命

世界上最小的生物是细菌，它们的结构比任何其他的生命都要简单，正是这个原因，科学家们把它们单独列为一个"界"。

每种细菌都只有一个细胞，其中仅含有生存所需的最基本物质，在细胞外是一层坚硬的物质，可以保护细胞不受外部世界的伤害。与其他生物相比，细菌并不是那么多种多样的，但是它们的数量很大，远远超过地球上所有其他生物数量之和。另一个"界"涵盖了原生生物，也包括微小的生命，此外还包括一些可以用肉眼看得到的体型较大的种类。与细菌一样，大多数原生生物也只有一个细胞，但是它们的构造上相对要复杂得多，其中含有各种不同的"工作部门"，就像人类的身体一样。原生生物通常生活在水中，有些种类的举止与微型动物

↑放大了600多倍后看到的这个复杂物体是放射虫的骨骼。放射虫是一种生活在海洋中的原生物，它们使用黏性丝线来捕捉微型的猎物。

↓有些真菌类会长出蘑菇和伞菌，但是很多真菌属于微型生物，以肉眼看不见的方式通过它们的食物传播。

↑植物对于生命来说是至关重要的，因为它们为其他生物带来了食物。有些植物，比如这个仙人球，可以在几个月不降水的条件下生存。

能量。科学家们已经发现了 10 万多种真菌，而植物则至少有 40 万个不同的种类。

动物世界

　　5 个界中的最后一个是动物界，这是一个种类繁多、生活方式各异的生物群体。像植物一样，动物也是多细胞生物，但是需要食物来存活。动物的食谱几乎像它们自身的种类那样丰富，很多动物以植物或其他动物为食，但是动物界中也包括一些食腐动物，它们以自然界中的残骸和遗体为食。很多生物不能动，但是动物可以比其他生物动得更快更远。一些动物几乎在同一个地方度过一生，但是有些则需要不停地迁徙来寻找食物，它们利用各种令人眼花缭乱的身体部位，包括强壮的吸管、有关节的腿以及长满羽毛的翅膀，在地球上的各个栖息地上爬行、奔跑、游泳或者飞行。迄今为止发现的动物大约有 200 万种。很多科学家认为，动物的实际总数可能是已知数量的 5 倍甚至 10 倍之多。

相仿，而有些则与小型植物相仿。

　　已经发现的原生生物大约有 10 万多种，它们的种类如此之多，以至一些科学家认为，可以将之区分成不同的界而不是仅归入同一个界中。

真菌和植物

　　接下来的两个"界"包括真菌界和植物界，这两个界之间有很多相像之处。它们大多从地上开始发芽，然后通过孢子或者种子传播。但事实上，真菌和植物是完全不同的两种生物，真菌是通过分解其周围的物质来获取生存所需的养分的，而植物则完全不需要食物——直接通过叶子吸收阳光来获取

植物	真菌	原生生物	细菌
400000	100000	100000	10000

动物 2000000

单位：种

← 没有人知道世界上到底有多少种生物，但是这张圆饼图显示了迄今为止已经被发现的各届生物的种数。动物占据了其中的最大部分，因为它们已经进化出了非常多的生活方式。

将生物分类

　　在接下来的 25 年中，一组科学家准备拟出世界上所有生物的数据库。这将是一项庞大的工程，因为没有人知道世界上到底有多少个物种。

↓世界上至少有 2 万种蟋蟀和蚱蜢，甚至还可能更多。这个博物馆的收集展示的只是生活在中美洲雨林中的一小部分蟋蟀和蚱蜢标本。

划分成不同的群体，比如说鸟类——长着羽毛和翅膀，而昆虫通常有 6 条腿。科学分类继续了这项工作，只是更为准确和有序而已。一旦一个物种被归类后，科学家就可以看到其与相似物种间的联系，及其到底属于生物世界的哪个部分。

冠　名

当一个新的物种被发现时，科学家会将之与已知物种进行比较，以确定这是否是一个真正的新物种。在经过上述比较，答案为"是"后，就要给它取一个学名了。与我们日常生活中的姓名不同，学名都是用拉丁文表述的，而且有两个组成部分：第一部分是这个生物所属的种或者种群；第二部分是代表该物种本身的名称。比如，北美敏狐的科学名称为"Vulpes velox"，第一部分"Vulpes"意思是"狐狸"，而第二部分"velox"意思是"快速的"。

像这样的名字有时候看起来觉得太长而且复杂，但是这也有其好处：一方面，这样的名字是唯一的，不会将两个物种混淆起来；另一方面，可以为世界各地的科学家识别出来——不管他们说哪种语言。最后一方面，这些科学名称就像是标志一样，显示了生物之间的相互关系，使用因特网，我们就很容易明白是怎么回事了：搜索"Vulpes"，与世界上所有典型的狐狸相关的链接都会显示出来；在植物世界，像"Quercus"那样的名称可以链接到世界上各个种类的橡树。

生命的"文件系统"

学名就像指纹，因为没有两个物种的学名是相同的。但是分类工作并不止于此——多个物种被组合成更大的群体，就像是在电脑上将文件归入相应的文件夹一样。第一个文件夹是"种"，然后下一个被称为"属"，接下去按照顺序便是"科"、"目"、"纲"、"门"，最后一个也是最大的文件夹——"界"。有些文件夹中只含有一个物种，而昆虫文件夹中含有至少 80 万个物种。

这个文件夹体系是非常重要的，因为它显示了物种

↑ 通过比较不同物种之间的 DNA，科学家可以发现这些物种之间的亲缘关系的远近。DNA 这个化学证据可以帮助确定不同的物种是怎样进化而来的。

之间的亲疏远近关系。如果两个物种在同一个文件夹中，这意味着它们在历史的某一个阶段有着同一个祖先，换句话说，它们是从生物世界的同一个分支进化而来的。

变化的轨迹

如果科学家可以看到过去，他们可以绝对准确地将世界上所有的生物进行划分归类，但这是不可能的——他们需要依赖各种不同的证据，包括化石和生物特征。越来越多的证据检测结果和发现使得生物分类情况不断地得到更新。

微生物

地球上 99% 以上的生物都是肉眼看不见的，这些生物组成了拥挤而纷乱的微生物世界。

人类肉眼可以看到的最小事物的直径至少为 0.2 毫米（大约是人类头发的 1/5 粗细），这可能对于我们来说已经够小了，但这实际上比很多生物都要大得多。这些小型的生命形式被称为微生物。有些微生物只有粉尘那么大小，而有些微生物则只有经过放大几千倍以上后才能被看见。但是，"小"并不意味着简单，微生物中包括了一些拥有惊人复杂结构的种类，也是地球上最基础的生物。

谁是谁

在生物世界中，到处都生活着微生物，而体型微小通常是它们唯一的共同点，细菌是其中最小而数量最大的群体，随后的便是体型较大一些的、单细胞的原生物。微生物世界还包括微小的真菌，以及几千种微小的动物和植物。

虽然通常说细菌是体型最微小的生物，但事实上还有比其更加微小的事物也表现出生命的特性，这就是病毒——通过攻击活细胞来存活的化学物质团。但与其他微生物不同的是，病毒不能生长也不能繁殖，除非进入一个合适的寄主细胞中。正因如此（当然也有其他的一些原因），大部分科学家都不将它们作为完全的有生命的生物来对待。

大小的问题

提到大小问题，不同的微生物常常出现一些重合的现象，比如轮虫这种世界上最小的动物虽然有着复杂的身体构造以及很多可以移动的身体部位，但仍然要比最

大的细菌小得多。轮虫生活在淡水和海洋中，如果要铺满这一页的纸面，至少需要 5000 多只这样的小虫。

另一方面，有些原生动物（像动物一样的原生生物）体型如此之大，使得它们根本不适合被称为微生物。如今还生存着的大型原生动物中有一种水生变形虫，可以用肉眼很容易地看出来。但是，这种变形虫也不是最大记

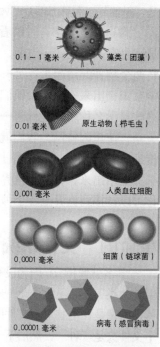

0.1～1 毫米　　　藻类（团藻）

0.01 毫米　　　原生动物（栉毛虫）

0.001 毫米　　　人类血红细胞

0.0001 毫米　　　细菌（链球菌）

0.00001 毫米　　　病毒（感冒病毒）

↑本图表显示的是一些微生物和其他一些活的细胞的平均大小。从上往下，每一种的大小都是其下一种的 10 倍。团藻是可以用肉眼看见的。

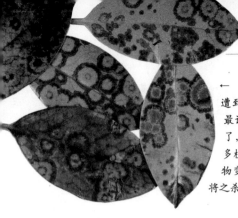

← 叶子上的这些圈说明其遭到了病毒的攻击。病毒是最让农夫和园丁头痛的问题了，因为它们可以感染到很多植株。有些病毒仅是使植物变虚弱，而有一些会最终将之杀死。

录，因为在几百万年前，一些单细胞原生生物可以长到像柚子那么大。

微型生活环境

体型微小的一大优势是：可以生活的栖息地几乎无处不在。不管是多么遥远或者多么难以企及的地方，都难不倒微生物。在人类的屋子里，它们也无处不在。不过，大多数微生物生活在水中或者潮湿的地方。它们最喜欢的生活环境之一是泥土，尤其是含有大量动植物尸体的泥土。其他栖息地还包括较大体型生物潮湿的体表和体内。就动物而言，微生物喜欢的环境包括皮肤、嘴和牙齿，以及整个消化道——吸收水分和消化食物的管道。

对于动物来说，很多微生物都是无害的，有些甚至是有益的。当动物的健康状况处于良好状态时，居住在动物体表或者体内的细菌被合称为"微生物菌丛"。但是微生物中也包括那些对生物有害，以生物为食的种类，这些侵略者通常是病原体，它们通常会导致疾病的产生。几百万年来，动物进化出了抵抗这些微小侵略者的特殊防护能力，如果没有这些能力，动物很快就会被全线击溃。

生活在微生物世界里

对于微生物来说，它们所居住的世界与我们人类所居住的世界是大不相同的，比如，重力对于它们来说基本没有任何影响，因为它们的体重那么小，基本不受地球引力的作用。

如果一个微生物动起来，它几乎可以直接达到最大速度，而当需要时，它完全可以做到立即停止。在陆地上，微生物有时会被吹到空气中去，由于它们是如此之轻，所以通常要经过几天甚至几个星期才能回到地面上。上述情况也意味着很难确保一个地方完全不存在微生物。在的确需要清除微生物的地方，比如手术室，空气通常保持低压状态，防止微生物随气流漂进去。

几百万年的冬眠者

微生物从来不安家，因为它们那么小，没有什么可以将之与外部世界明确地隔离开来。然而，很多微生物有自己的一套有效的生命体征来帮助自己在世界上生存下去。它们常常通过自我"关闭"来度过艰难的时期，而且这个"关闭期"可以长达好几个月。有些微生物动物可以保持睡眠状态10年甚至更久，而细菌在这方面则更为擅长：在适当的条件下，它们的冬眠孢子可以存活几百万年之久——比整个人类的历史都要长。

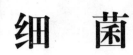

细　菌

单以坚韧和耐力而言，细菌可以打败其他一切生物。在可以想到的任何的地方，包括温泉、深海泥和人类牙齿表面等，都有细菌的存在。在适合的环境下，它们的繁殖速度超过其他所有生物。

由于有些细菌可以导致疾病的发生，它们背负着恶名。但是如果细菌突然全部消失，大多数生物，包括人类自身，都很难存活。这是因为细菌是自然再循环的主要作用者。许多细菌以动植物尸体为生，越是温暖，它们工作的效率就越高。当它们分解食物后，释放出来的营养物质就是其他生物所必需的。

↑这些杆状芽孢杆菌通常情况下存在于土壤中，是无害的，然而，一旦它们进入人体，会置人于死地。因为这种细菌会释放出一种目前已知的最强劲的神经毒剂。

细菌是什么

细菌是极其微小的生物，也是地球上最为古老的生命形式。每个细菌都由一个单细胞组成，通常呈圆形、杆形或者螺旋形。

↓单个细菌是极其微小的，不过肉眼可以发现菌落。这个皮氏培养皿中的薄薄的营养物质——冻胶——上包含着许多菌落。

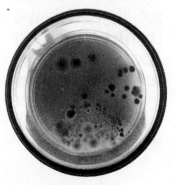

细胞外围有一层坚固的壁，表面是一种胶或者黏性的毛，可以帮助细胞固定在某处。大部分细菌通过简单的分裂成两半进行繁殖，最快速度下，通常在几分钟内，单个细菌就可以分裂成百万个之多。

谋　生

和其他生命形式相比，细菌的生活方式有些不同：一些细菌通过阳光获得能量；另外一些则依靠岩石中的化学物质存活——地球上原始时期生命的一种存活方式。但是，

↑这些纤细的线条是由项圈藻组成的，它们是蓝藻的一种，依靠光能存活。项圈藻和类似的生物从空气中收集氮气，从而使得土壤更为肥沃。

绝大部分的细菌都是从无机质中吸取养分而存活，这些无机质包括从动物尸体到残留食物的任何物质。致病细菌有些不同，他们侵入活体生物，这种入侵被称为"感染"，通常会致病。

病　毒

病毒是有生命特征的最小生物。比起细菌来，它们要简单得多，而且只能依靠其他生物存活。病毒传播能力极强，很难被控制。

绝大多数病毒在体型上要远远小于细菌，与其说它们是生物更不如说是一种机器。与细胞不同，病毒由一整套精密的化学成分组成，通过特定的方式组合成一体。病毒并不需要进食，而且也不能自我繁殖，它们"劫持"活细胞并强迫细胞复制病毒。病毒攻击所有的"主人"，包括细菌、植物和动物，而且许多病毒都会致病。

病毒内部

病毒的构造类似一个容器，只不过它们并不存放普通物质。病毒内部是基因的组合——构成生物体并使其正常运作的一系列化学指令。通常，病毒的基因是关着的，但是当病毒接触到正选细胞时，它们就会迅速转变。

首先，病毒会将其基因植入细胞，留下空病毒"容器"本身。然后，病毒基因就被接通了，并且开始控制细胞。在几分钟之内，寄主细胞停止其正常工作，开始聚集病毒。一旦这一过程完成，细胞就会破裂，使新产生的病毒

← 这些奇形怪状的病毒是噬菌体，是攻击细菌的病毒。它们可以帮助抑制细菌。

得以逃出。病毒不能移动，所以它们需要依靠外援来"旅行"。有些通过接触传播，还有一部分，比如流感病毒就通过人类的咳嗽或者打喷嚏传播。

半活状态

病毒是不可能避免的，大部分生物每天都会受到病毒的攻击。幸运的是，大多数病毒只造成很小的危害，但也有一些病毒可以造成重大疾病的发生——就人类而言，包括黄热病和艾滋病。究竟病毒是从何而来的，人们并不清楚。一种理论认为病毒是从活体生物中逃脱的"背叛"基因，并开发出了它们自己的"生活方式"。

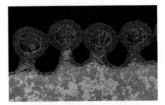

↑艾滋病毒看起来像一排蘑菇，它们即将从寄主细胞中逃脱出来。艾滋病病毒会导致艾滋病的发生，这种疾病从 20 世纪 80 年代开始已经横扫了人类世界。

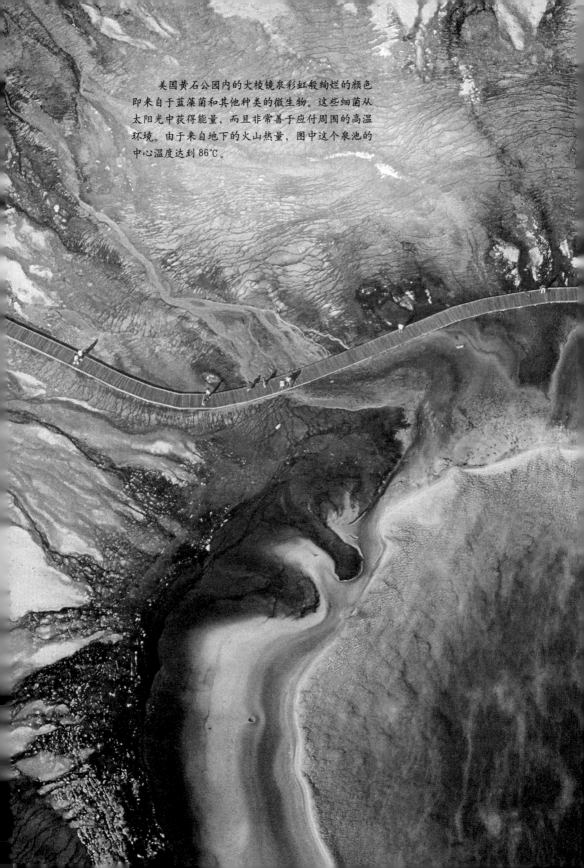

美国黄石公园内的大棱镜泉彩虹般绚烂的颜色
即来自于蓝藻菌和其他种类的微生物。这些细菌从
太阳光中获得能量，而且非常善于应付周围的高温
环境。由于来自地下的火山热量，图中这个泉池的
中心温度达到86℃。

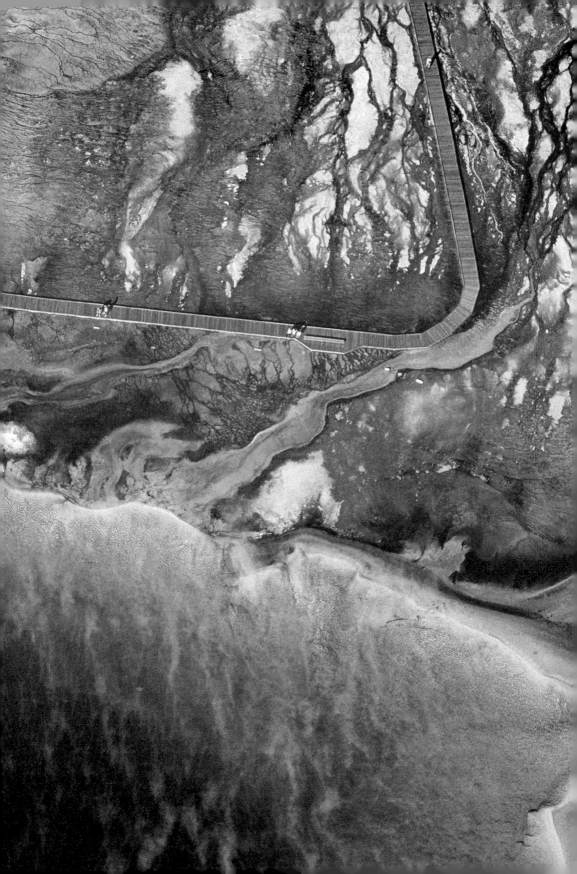

原生动物

尽管体型很小，原生动物却包括了世界上最贪婪的肉食者。大多数原生动物生活在水中，但也有一些存在于其他生物体内。

在显微镜下观察，原生动物常常看起来像一种处于危险的高速运行中的只有几分钟生命的动物，许多都会绕开障碍物并远离危险，之后再迅速集合在可能发现食物的地点。原生动物并不是动物，它们没有眼睛、嘴巴甚至没有大脑，是一种真核单细胞微生物，只有一个细胞。和藻类不同，原生动物需要进食，它们通过不同方式获得食物。许多原生动物都是积极的掠食者，另外一些则待在一处不动，依靠漂流到其附近的任何可食用物质为生。有些原生动物寄生于比它们大得多的生物体内，不过仅有少数会致病。

↑ 放射虫是一种生活在海洋中的原生动物，它们的骨骼类似于一个多刺的雕塑。活的放射虫会从骨骼中伸出胶冻状的细丝，捕捉附近的漂流微生物。

运动中的生命

原生动物体型过小，没有四肢，但即便如此，它们仍然十分擅长四处活动。阿米巴虫通过变化体型移动，这种能力对于穿过狭窄的缝隙（比如土壤颗粒之间的缺口）而言，尤其有用。

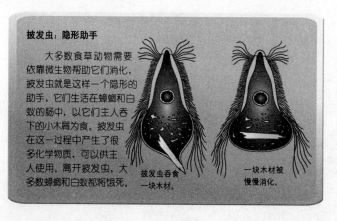

披发虫：隐形助手

大多数食草动物需要依靠微生物帮助它们消化，披发虫就是这样一个隐形的助手，它们生活在蟑螂和白蚁的肠中，以它们主人吞下的小木屑为食。披发虫在这一过程中产生了很多化学物质，可以供主人使用。离开披发虫，大多数蟑螂和白蚁都将饿死。

披发虫吞食一块木材。

一块木材被慢慢消化。

当阿米巴虫追踪到猎物时，会将其包围并吞噬，整个过程就像猎物被一个有生命的果冻给吞咽掉了。即便阿米巴虫用尽全力，其时速也不会超过2厘米。但是，在池塘和湖泊中的有些原生动物的移动速度是阿米巴虫的30～40倍，其中最快的是草履虫——一种拖鞋状的生物，

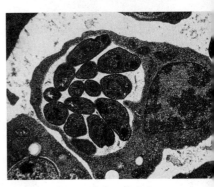

← 在这场致命的战斗中，一种称为栉毛虫的掠食原生动物（褐色物体）向其最喜爱的食物——草履虫（青绿色物体）发起进攻。栉毛虫可以将自身拉伸成一个气球的形状，从而将大于其体型的猎物吞咽下去。

↑ 这张照片显示的是人体血红细胞内的一窝疟疾寄生虫，这些寄生虫通过蚊子传播——蚊虫在吸血时，将这些寄生虫带入动物体内。

表面覆盖有丝状"皮毛"。与真皮毛不同的是，草履虫的这些皮毛被称为纤毛，可以活动，划水前行。事实上，草履虫的移动速度相当快，以至于在显微镜下很难看到——除非将水增稠，从而减缓其移动速度。

许多有利因素——原生动物可以获得连续不断的食物供应以及安全而温暖的环境。不过它们也面临一个大难题：就像河中之水一样，它们的食物处于不断移动之中，最终原生动物就在"下游"被冲走。许多都以被主人消化而告终，还有一些则安然无恙地离开了生物体。

原生动物的伙伴

大多数原生动物生活在海洋里或者陆地上有水的环境中，它们通常是食物链中极其重要一环的浮游生物的组成部分。还有一些原生动物的居住环境比较特殊——食草动物的肠内，在这里，它们帮助它们的主人分解食物。在后一种情况下，原生动物的数量是惊人的，比如一头大象体内就有几十亿个原生动物生活在其巨大的肠道内。

生活在生物体内有

↑ 黏菌阿米巴虫是微观世界最为孤僻的居民，它们在大多数时间都过着独居生活，在繁殖时会集聚在一起，超过 5 万只阿米巴虫可以形成一根"鼻涕虫"（左图）。当黏菌"鼻涕虫"发现一个合适的地点，它们就开始变形，有些变成一根纤细的茎，在茎顶部部分制造孢子（右图），最终，这些孢子扩散到空气中。当它们着陆时，它们就发育成新的阿米巴虫，又开始新的一轮循环。

原生动物寄生虫

原生动物伙伴对于动物而言是有益的，但是寄生类原生动物就不那么受欢迎了。寄生类原生动物经常游到动物的饮用水中，或者通过昆虫叮咬，被"注射"入动物体内。几乎所有的野生动物都受到原生动物寄生虫的影响，但许多只是带来一般的危害。不过也有一些危险品种，比如引起疟疾这种严重疾病的原生动物寄生虫能影响人类和许多其他的哺乳动物，还会危及爬行动物和鸟类。

藻 类

只要有水和阳光的地方，藻类就可以安家。这些微小的植物也许不起眼，但其数量多到有时甚至可以从很高的上空看到它们的身影。

↑团藻是一种生活在池塘中的淡水藻，形状类似一个凹陷的球，含有许多细胞，内部还有许多小团藻后代。团藻最终会破裂，里面的小团藻就会被释放出来。

大部分藻类都是陆地水系中的绿色小植物，它们比真正的植物要简单，但是运作的方式却是相同的——都通过吸收光才能存活。尽管个头很小，藻类对于水中的生命而言确是至关重要的，因为它们能制造出许多动物依赖的食物。

变 绿

远在真正的植物出现在地球之前，藻类已经占据了河流、湖泊和海洋。今天，它们在许多人造栖息地比如池塘、沟渠和充满雨水的瓶子依然繁荣，在理想条件下，它们可以快速繁殖，将水变成亮绿色。藻类属于原生生物，许多种类都只有一个细胞。但是，不同于原生动物，藻类细胞通常集结在一起组成一个"群"。藻群就像一个微型的太空站，看上去像大量缩小的硬币或者是缠在一起的黏性卷毛。

照比较充足，光照时间也比较长。结果就是鱼类和其他动物获得了额外的几百万吨食物。

藻类的体型越大，其包含的细胞就越多，分裂

↓许多硅藻都是扁平的，但是这种叫作马鞍藻的硅藻却是螺旋状的。在海洋中的某些地方，死去的硅藻可以形成几米厚的软泥。

↑绿藻类层通常是由水绵形成的，这种藻类的细胞会长出纤细的纤毛。每个细胞都含有一个螺旋带，可以从阳光中获取能量。

繁衍后代

藻类不会开花，也没有任何一种藻类有种子，小藻通常分裂成两半来繁殖。这种繁育技术既快又高效，可以在一定时间内迅速增多。藻类在春天分裂繁殖最为迅猛，那时光

繁殖的困难也就加大了。为了解决这个问题，体型较大的藻类通过孢子来繁殖。孢子类似种子，但个头小得多，它们可以随水漂流或通过空气到达遥远的地方。一种叫作团藻的浮球型藻像一个飘浮的育儿室，含有很多小团藻，它们可以在大团藻内部游动，直到它们准备出来独自生活。

移动中的藻类

藻类也许结构简单，但是它们有一种卓越的天赋——许多都会游泳。

这些微型移动者和原生动物一样，都是通过滑动纤毛，拨水前行的。由于体型较小，它们很难游得很远，但它们可以将自己带到阳光最为明亮的地方——强光意味着更多的能量，这种简单的生理反射帮助藻类大量繁殖。

许多藻类也有内置式的浮动装置，通常是微小的油气泡，这些浮动装置能使藻类漂向水面——最佳的沐浴阳光的地方。这些水体表面的漂流者组成的浮游植物群落成为原生动物的"营养汤"和动物的大餐。

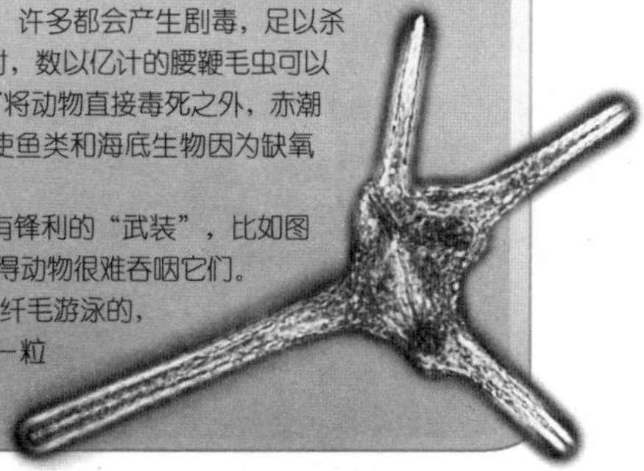

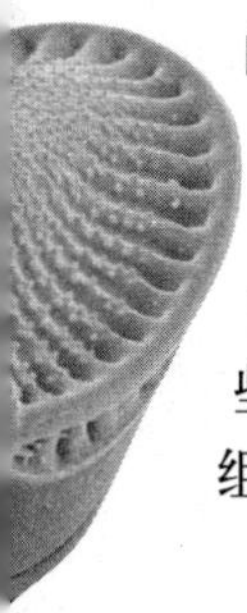

在盒子中生活

多数藻类都有坚硬的细胞壁，不过有的还有"盒子"保护着，这些盒子极小，但是包含了一些微观世界中最为复杂和美丽的物体。一种称为硅藻的藻类能将"盒子"平分，一半紧贴着另外一半，就像一个有搭扣盖子的盒子一样。硅藻从硅石中提取材料合成盒子，硅石这种材料也被用于制造玻璃。不过，和融化并浇铸成硅石模不同，硅藻是自己生长成型的。硅藻从它们周边的水中吸收硅石，它们的收集能力是相当惊人的，有时候，水中硅的含量不到百万分之一，但是硅藻还是能成功地收集到。

腰鞭毛虫：危险的海洋流浪者

大部分藻类都是无害的，除了一个特殊的群体——腰鞭毛虫。腰鞭毛虫包括了一些最致命的种类，许多都会产生剧毒，足以杀死任何靠近的生物。当条件适宜时，数以亿计的腰鞭毛虫可以堵住温暖的海岸，形成赤潮。除了将动物直接毒死之外，赤潮中的腰鞭毛虫死亡腐烂时，还会使鱼类和海底生物因为缺氧而死亡。

腰鞭毛虫的一些种类通常带有锋利的"武装"，比如图中的角甲藻，它们的刺格外长，使得动物很难吞咽它们。就像所有藻类一样，角甲藻也是依靠纤毛游泳的，一个推着一个，循环往复，就像一粒微缩的步枪子弹穿过海洋。

海洋中的巨藻

海藻的世界也包括一些不是微型生物的种类，这些海藻看起来像植物。和真实的植物不同的是，海藻没有根或者叶子，它们依靠一个橡胶状的夹子将自己固定在一个地方。海藻通过皮质叶状体吸收阳光。有些海藻相当脆弱，另外一些却十分强大，比如漂积海草和巨藻，它们生活在暴风雨频繁的海区，因此必须经受得住海浪的冲击。有些海藻只有几厘米长，另外一些则可以达到几米。最长的海藻是巨藻，生长在北美洲的西海岸，这些巨大的海藻是世界上生长速度最快的生物之一。有记录的最长的一个海藻达 268 米——在这种深度的海底，阳光强度要比海面弱 50 万倍。

真　菌

当人们提到真菌时，第一个浮现在脑海的通常是蘑菇或毒蕈，但是这些丰富多彩的蘑菇和毒蕈只不过是真菌世界中极小的一部分。

↑这些蘑菇萌芽于地下真菌，它们使得真菌能够到处传播。而地下部分的真菌则专心于收集食物。

除了细菌和原生生物，真菌是地球上最为常见的生物了。大多数真菌都很小，但是科学家们也发现过极其巨大的单个真菌。从森林到沙漠，甚至海底和人类皮肤上，都有它们的身影。真菌可以在黑暗环境中生存，但是它们必须依靠食物存活。大多数以死去生物的残留物为能量来源，但也有一些喜好活的东西。虽然这样，真菌很少为人们所注意，只有很少的种类才有常用名，这主要是因为大多数真菌都生活在它们的食物体内，只有在繁殖时才可见。

自然的失调

真菌的繁殖和其他生物相比，显得格外不同。蘑菇和毒蕈已经是十分奇特了，但是其他真菌似乎更胜一筹——有些像鸟巢、一簇绒毛或者是人类耳朵的完美复制品。真菌通常从地表或者树上长出，它们的工作就是传播孢子。

几个世纪之前，自然科学家认为真菌是植物，尽管它们并没有叶子。不过，科学家们之后有了进一步的发现：与植物相比，真菌与动物的关系更近。

进食线

有代表性的真菌并不存在，它们的形状和大小总是那么多变。但是真菌都有一个特点——它们通过吸收食物存活。

真菌和动物不同，它们并不吞咽食物并消化，

↑鸟巢菌通常只有5毫米宽，它的孢子类似微型的一窝窝蛋。当下雨时，雨滴进入"巢"内，可以将这些"蛋"溅入空气中达1米之高。

而是反其道而行之。真菌会当场消化并吸收食物释放出来的营养。担任这一任务的是像极细的线的

"菌丝"，会蔓延于真菌的整个食物之上。

　　菌丝虽然极细，却可以长到惊人的长度，通常能从地面一直延伸到树顶，并且在土壤中形成无边的菌丝网络，有些食木菌甚至可以沿着一条街道挨家挨户传播。

药材和毒药

　　有些真菌味道鲜美，另外一些则有难闻的化学气味，甚至含有致命毒物。人们需要技术和经验才能分辨哪些是有毒的，因为安全的和危险的真菌有时非常相似。而且，有毒的真菌也并非"世代相传"，有些真菌既有安全的种类又包括有毒的种类。世界上大部分的毒蕈是一

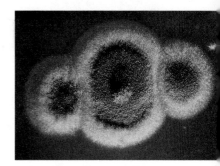

↑ 在户外，青霉属霉菌通常生活在腐烂的水果中，它们是世界上最著名的真菌之一，因为它们是第一种被发现的抗生素——青霉素的来源。

种叫作"死亡之帽"的毒蘑菇，它们分布于北半球林地中，这种蘑菇外形类似于食用真菌，但是每一个中的毒素都足以杀死一个成年人。更糟的是，死亡之帽中含的毒素，一般需要 12 个小时后才会发作，到人感觉到不舒服的时候，通常已经回天乏术了。

　　奇怪的是，有些对于人类而言是剧毒的真菌对一些动物却是无害的，比如鼻涕虫就十分钟爱毒蕈，它们大量食用这种有毒真菌却一点都不受到影响。

真菌的战争

　　科学家们并不清楚为什么有些蘑菇和伞菌是有毒的，但是他们知道为什么毒素会通过一些霉菌产生——这些真菌通常需要和细菌竞赛，用以阻止它们的微观对手接

管其食物。这些真菌产生的毒素就是抗生素，是最有效的天然化学武器。

　　第一个抗生素发现于 1928 年，当时，苏格兰生物学家亚历山大·弗莱明发现，在实验室的一个培养皿中的霉菌有些异常：这个培养皿通常用于培育细菌，但是霉菌使得周围的细菌全部死了。从这个霉菌中，科学家们成功地分离出了一种化学物质，称为青霉素，可以用来杀死细菌。目前，青霉素仍然是世界上最为重要的药物之一。

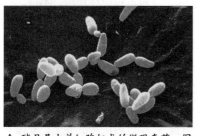

↑ 酵母是由单细胞组成的微观真菌。图中显示的是烘焙酵母，主要用于酿造红酒和啤酒以及发面。

更多资源获取 扫码

真菌如何进食

真菌不能移动，但是它们非常擅长在暗中发现食物，它们的食谱十分丰富，从水果、腐木到羽毛和人类皮肤，无所不包。

对于真菌而言，进食是一个漫长的过程，它们并不捕获食物，而是在它们身上安营扎寨。它们的进食管道，或者叫作菌丝，布满整个食物，吸取其中的营养。真菌的菌丝通常是隐藏的，不过偶尔也有很大的。有些真菌以活的植物和动物为食物来源，还有一些则在土壤中觅食。有时，真菌也会长在其他地方，包括我们人类身上。

消化酶

↑这张放大了1000倍的照片显示的是真菌的菌丝正穿过它们的食物，形成巨大的表面菌丝层，正好用于吸取养分。

当动物进食时，它们通常会吞咽下食物再行消化，之后则吸收食物的营养。真菌则不同，因为它们根本无法吞咽食物。真菌释放出消化酶，当场将食物分解。在酶将食物分解之后，真菌就开始吸收它们需要的营养物质。真菌的酶是特别针对它们的食物而分泌的，许多真菌分泌的酶含有一种能分解纤维素——植物生长最重要的材料——的物质，还有一些则可以消化木质素——一种更能促进树木生长的物质。真菌酶也包含可以分解脂肪和蛋白质的化学物质，使得它们可以攻击动物及其尸体。另外，还有一些高度特化的真菌能分泌一种可以分解角蛋白的酶。角蛋白是一种格外硬的蛋白质，是构成动物毛皮、羽毛、爪和指甲以及外层皮肤的主要物质。幸运的是，我们的皮肤能很好地抵御霉菌侵袭，即便角蛋白菌真正侵入，也很少能造成持续性的伤害。

内部攻击

真菌不是快速的食客，但是一旦它们开始生长，它们的食欲就显得很惊人。它们进食时常常会改变食物的外观，它们会将成熟的果实变软、变湿润，也会将落叶转化成糨糊状。真菌甚至会互相进攻，使得蘑菇和伞菌腐烂。当真菌开始在枯木上活动时，它们会迅速使枯木腐烂而折断——最初，木材会出现裂痕，随着木质素的逐渐被破坏，最后（一般需要几年）就彻底瓦解，枯木变成了大量的尘埃。

食木菌进行的是一项很重要的工作，将枯木和枯枝分解，以使其中的营养物质再被循环利用。不过，一旦这些食木菌进入住宅，将造成十分严重的破坏。有一种声名狼藉的真菌称为干腐菌，它们以潮湿木材为食物来源，它们长长的菌丝可以穿过砖块和混凝土，就像一双无形之手搜寻着食物。干腐菌在世界上某些地区已经

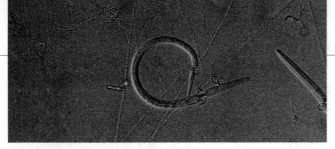

↑这只线虫的头部嵌在了真菌套索之中，它已经没有机会逃脱了，它的身体将被真菌消化、吸收，成为真菌的猎物。

成为一个公共问题，不过奇怪的是，在野外几乎从来没见过这种真菌的身影。

致命陷阱

许多真菌还侵袭活的动物，通常以它们的皮肤为进攻对象。然而世界上某些最强大的真菌实际上可以捕获并杀死它们的食物。这些真菌猎手大部分生活在土壤中，它们的对象就是微小的蠕虫。为了抓住这些蠕虫，真菌会使用一种特别的套索——形状像小环，每个环都由 3 个弯曲的细胞组成，对触动十分敏感。如果一条蠕虫偶然间进入一个环中，环细胞会立即有所反应，它们会膨胀，夹住蠕虫，使它不能逃脱。一旦蠕虫死亡之后，真菌就进入它们体内并消化掉它们。猎食真菌并不仅仅生活在土壤中，有些生活在淡水中，通过黏稠的诱饵捕获鱼类。如果动物试图吃掉这些诱饵，它们就会被粘住，

一旦死亡之后，真菌就会消化它们。

地　衣

真菌通常是依靠自己生存的，不过当它们与其他生命体合作时，会更成功地生存下去。最常见的伙伴就是微型藻类。真菌和藻类的组合带来了一种比任意单个伙伴更强的混合生物——地衣。有些地衣看起来像矮树丛，不过大多数都是匍匐在地的，而且像一个有生命的甲壳一般四处蔓延。和植物不同的是，地衣没有根或者叶子，它们也不会开花。

地衣的种类超过 1 万种，它们的分布地域非常广泛，有些生长在树干、枯枝或者篱笆桩上，还有一些生长在大风横扫的山坡上或者海岸边。许多种类的地衣生长在沙漠地区的裸岩上，在城镇也有它们的分布，主要生活在铺路用的薄片石、混凝土和砖块上。个别几种还生

活在离南极点仅几百米远的山脉之中，在那里，风速可达每小时 150 千米，冬季的温度可以低至 −60℃，其他动植物在这种环境下基本不能生存。

地衣如何生活

地衣中的两个伙伴的工作方式是不同的：真菌负责收集矿物质和其他营养物质，并且将地衣固定在地表，与此同时，藻类从阳光中获取能量，白天它们进行光合作用，产生可供真菌食用的物质。大多数地衣依靠风和雨传播它们的小型颗粒进行繁殖。

地衣的生长速度极其缓慢，不过寿命却惊人的长——在某些极端环境中，比如南极洲，它们的寿命可以达几百年之久，每年的生长速度不到 0.1 毫米。

裸岩上的地衣常常能保持彻底干燥状态达几周或者几个月之久——一般的植物是难以做到这点的。当下雨时，这些地衣就像吸墨水纸一样，几乎立即就可以吸收水分，重新苏醒过来。

真菌如何繁殖

真菌在繁殖时并不生成种子而是对外散射出微型的孢子。孢子就像种子一样，但是更小而且结构更为简单，它们可以穿过空气达到遥远广阔的地方，或者通过其他方式传播，比如可以搭上昆虫脚这样的顺风车。

和动植物相比，真菌可以说是最多产的——只要不要过早采摘，一颗普通的蘑菇可以产生 100 亿个孢子。还有一些真菌则更为多产——马勃菌可以产生超过 5 万亿个孢子，如果首尾相连，足以绕地球 1 周了。但是，地球为什么没有到处都是真菌呢？答案是：每个孢子幸存的机会很渺茫。

↑每次下雨，这些热带的马勃菌就会放出大量孢子。在世界各地的林地和草原中都可以发现这种常见的马勃菌。

孢子工厂

一棵蘑菇就像一座活的工厂一般，在一定的时间内运转，只要短短 1 周，它就可以从地下冒出，使孢子成熟，将孢子运到空气中。孢子通过微风飘向附近的地方，有些会旅行好几万米再降落。食用真菌的孢子在称为菌褶的薄片中制造，人们可以方便地在翻过来的蘑菇上看到菌褶。在充分张开后，它们可以在 1 分钟内释放出 50 万个孢子。菌帽类似一把雨伞，可以使得菌褶保持干燥。在那么多孢子一起活动的情况下，保持互相之间不碰撞或者黏结在一起就显得很重要了——科学家们发现孢子都带有电荷，就像磁极相同的磁铁一样，互相之间会有所排斥。

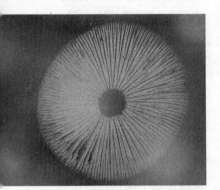

↑图中的孢子印十分容易制造。将伞菌的伞部切下，摊在一块玻璃或者一张纸上，用一个碗罩住。一天后，孢子就会形成一个孢子印，显示出伞菌的菌褶形状。

发 射

真菌传送孢子的方式各不相同：蘑菇向下发射它们的孢子，马勃菌则给它们以高速的起飞速度，让其向上飞入空气中。马勃菌新长出来时，摸起来硬且有弹性，像一个球一般。当它的孢子开始成熟时，马勃菌彻底变干，顶部开裂，形成一个孔，孢子就可以被释放出来了。如果马勃菌受到了雨水的冲击，球形的"袋子"就受到了挤压，因而吹出一团云状的孢子。大部分马勃菌和高尔夫球一般大小，但也有一些达到了巨型的标准。已知的最大一个马勃是在 1877 年的纽约州发现的，它的直径超过 1.6 米。大马勃菌在成熟时开裂，将孢子送入微风中，有时候一块块的孢子团会一起脱离，就像海绵碎片般吹散在风中。

考古学家也在古代遗迹中发现有大马勃菌的存在，也许很久以前，古人就用它们传递火种，因为大马勃菌点燃之后可以缓慢燃烧几个小时之久。

真菌炮兵

为了存活并生长，孢子必须降落在靠近食物的地方，这种机会发生的概率是极其渺茫的，大部分孢子都在它们的旅程中死亡了。不过，有些真菌用特殊的方法提高生存概率——水玉霉菌生活在牛粪中，通过空气将成包的孢子传播开。这些成包的孢子粘在附近的草叶上——牛正好可以觅食的地方。当孢子被一头牛吞下后，会不受任何损伤地穿过它的体内，当牛排出粪便时，它们就找到了极佳的安家之所。

清 理

动物粪便是真菌非常喜欢的栖息地，许多种类的真菌以这类食物为生。

它们中的很大部分都可以释放出特殊孢子，在开始生长前需要通过动物的体内。有一种真菌生长在老鼠粪便上，它们产生一种带有长黏丝的孢子囊，一旦老鼠经过附近，这些黏丝就会粘在老鼠胡须上，当老鼠吞咽时，它们就可以进入其体内了。

臭味菌

蘑菇有着令人愉快的味道，但是有些真菌却是臭气熏天。最难闻的是鬼笔菌，这些林地真菌有着长茎，顶端布满了浅绿色的黏液。臭味吸引了苍蝇，并粘住它们的脚和口部，之后，孢子就被苍蝇带走了。地菌也是用气味来传播它们的孢子的，不过它们的味道很不相同，很吸引人类。这些林地真菌生长在地下，需要动物帮助它们传播。成熟的地菌会吸引野猪将它们挖出，从而传播它们的孢子。几个世纪以

来，地菌一直受到厨师们的推崇，在欧洲，专业的地菌掘手会使用经过特别训练的狗或者猪帮助他们找到地菌。

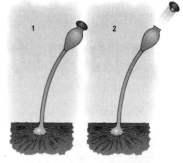

↑ 成熟的水玉霉菌实体向着阳光方向弯曲，并且挤压其内部结构（1）。孢子囊起飞，射向 2 米高的空中（2）。

↓ 这些苍蝇正在享用鬼笔菌顶部分泌的黏液，当它们下次飞到地上之时，这些孢子就可以安家了。

← 这些白蚁兵蚁正在保卫一个深埋在地下巢穴中的菌圃。这些白色的物体是白蚁食用的部分真菌。

真菌和动物

对于动物，真菌既可能是有帮助的盟友也有可能是致命的敌人。某些真菌能提供动物食物，还有一些则扮演秘密侵入者的角色——攻击动物并从内部开始消化它们。由于它们通过孢子传播，所以这些致命的真菌几乎可以攻击位于任何地方的动物。

如果没有真菌，我们还是会想念它们。但是和植物相比，真菌在人类生活中的戏份并不是很多。而对于有些动物而言，真菌对于它们的生存是至关重要的——蘑菇和伞菌是鼻涕虫和昆虫幼虫的食物来源。不过，真正的真菌专家是培养真菌作为食物的动物们——它们收获真菌，同时也通过保护和帮助它们传播而成为合作伙伴。不幸的是，对于动物而言，并非所有的真菌都是有益的，有些真菌会侵入动物体内，它们可以很快就像霉菌穿过一片面包那样穿过动物的身体，而这对动物往往是致命的。

真菌园丁

在某些温暖的地区，白蚁会啃食在它们前进路上的一切植物，每年都会往地下搬运几百万吨食物。就像大多数动物一样，白蚁并不能自己消化所有种类的食物，它们会依靠住在它们肠道内的微生物来帮助它们消化，这种微生物叫作披发虫。

有些白蚁种类的效率更高，因为它们已经进化出一种额外的方式可以从它们的食物中获得营养。在地下巢穴中，白蚁吞咽它们的食物，又收集它们自己的粪便，这些粪便包含一些只有部分消化的残渣。白蚁将这些残渣变成一个直径超过 60 厘米的类

↓鼻涕虫常常以蘑菇和伞菌为食。它们利用齿舌吞噬真菌。齿舌是一种包含数百微型牙齿的口器。

↑这些雌性树蜂正在树上钻孔产卵。它们还带来了真菌。不过，它们通常会挑选已经受到真菌感染的树木。

海绵体——这就是白蚁的"地下"花园，也是白蚁食用的某些真菌的完美栖息地。只要白蚁好好照料这些真菌，它们就会一直待在这个地下家庭中。不过，当白蚁废弃它们的巢穴时，这些真菌就会长出地表，生出蘑菇，从而传播开来。

发霉的隧道

许多昆虫幼虫在木头中产下卵，幼虫出生后可以将木头作为食物。随着内部蛀空的隧道变长，他们就开始食用进入木头中的真菌。对于幼虫而言，真菌就像配菜一样，和木头一起成了一顿丰盛的大餐。一些木材蛀虫更进一步地将真菌作为它们的主要食物，木头反而退居次席——树蜂的幼虫就是这样长大的，它们通常在针叶树中钻洞。林业工人非常讨厌这种昆虫，它们损害树木并导致树木十分虚弱。它们活动的隧道里排列着真菌形成的"皮毛"，幼虫就在真菌上游荡，仿佛在树林中穿行一般。

当成年树蜂从它们的洞中爬出时，他

← 图中的昆虫已经受到了真菌的侵袭。昆虫上出现的小蘑菇不久就会散射出它们的孢子。

们会带上一些真菌，雌树蜂在产卵时，新的树木就会受到真菌感染，这样，它们的幼虫出生后又衣食无忧了。

昆虫杀手

人类有时也会遭受真菌的侵袭，比如人们很容易染上脚癣。脚癣是一种以人类表皮为食物的真菌引起的，在汗脚和紧鞋导致的温暖潮湿环境下会大量滋生。尽管需要花时间清理，这种感染通常没什么危害。对于野生动物，真菌的威胁相对严重，它们可以杀死哺乳动物、鸟和鱼，对于昆虫尤其致命——可以驱赶窗玻璃或者草丛上的昆虫，如果昆虫不跑或者不飞走，那么它们也许已经是真菌侵袭的牺牲品了。当单个孢子进入昆虫体内时，这种攻击活动就开始了。一旦孢子融入昆虫身体，它就开始在内部散播，将昆虫的内脏消化掉。昆虫受到感染之后，真菌常常会改变昆虫运动的方式，它会使昆虫停留在野外开阔处——这些致命孢子的最佳传播场所。

真菌和植物

很多树的生命最后都葬送在真菌手上，此外，真菌也会攻击其他种类的植物。但是真菌也不总是植物的敌人，没有真菌这个伙伴，很多植物都会很难生存下去。

对于真菌来说，植物是很具吸引力的目标，因为它们从上到下都是真菌的美食，而且不会逃跑。真菌攻击植物的地上部分和地下部分，不论何处，只要有机可乘。它们闯入植物的根部，通过树皮上的伤口或者叶子上微小的气孔进入植物体内。一旦真菌进入植物体内，一场严重有时甚至是长久的战争便开场了。有些真菌只破坏植物的部分器官，让植物奄奄一息但是生命尚存，而有些真菌则比较危险，因为它们最终将夺取植物的生命。

你死我活的战争

对于植物来说，种子发芽时就开始了与真菌的战争。有一种腐霉属真菌，通常就在泥土中等着植物发芽。一旦植物的嫩芽萌发出来后，这种霉菌就迅速地融入植物的细胞中。不到 1 个小时，这个芽就会像腐烂的树一样瘫倒——生命还没有开始就已经结束了。

而另一种情况——真菌和植物之间的战争

→ 真菌不仅攻击活的树，还在树死后分解其枝干。图中的蘑菇正从腐烂的树枝上生长出来，这是发生在亚马孙热带雨林中的常见一幕。

可能持续几年之久——这是因为有些树有很多自我保护的功能，从而制止从天而降的孢子进入它们活的树干中。如果这道防线被突破，树还可以使用化学武器——包括黏黏的树脂，让真菌难以扩散。即使真菌已经进入了树的体内，也需要很长一段时间后树才会死亡——每年，树都会做出一些妥协，直到完全死亡。

当战争最终结束，树最终死亡后，不同的真菌就会进驻其中，它们慢慢地分解树的残骸，使之摇摇欲坠，直至最后倒下。树干和树枝也就慢慢地腐烂变成泥土，它们的营养物质也进入到泥土之中，以供后用。

真菌肆虐

对于农夫和园丁来说，真菌始终是个问题——他们种植的植物遭到几百个不同种类的真菌攻击，其中包括霉菌、锈菌、萎蔫菌、担子菌等。它们的名字可能听起来很滑稽，但是它们的"功效"可是一点都不好笑。

尽管已经研制出了多种现代杀真菌剂，但是这些真菌仍然可以摆脱控制，同时给作物带来极大的损害。真菌甚至可以改变某一地区的整体景观，比如 20 世纪 20 年代，一场真菌疫病几乎杀灭了北美洲的所有栗子树，而在 20 世纪 80 年代，荷兰榆树病则使不列颠群岛的榆树几乎灭绝。

时间再往前推，真菌疾病曾经造成过更严重的灾难，其中一场发生在 19 世纪 40 年代，一种被称为晚萎菌的真菌袭击了爱尔兰的土豆作物，由于失去了这种重要的食物来源，当时有 100 多万人死于饥饿。

地下同盟

有了上述这些记录，使得真菌听起来完全是植物的一大敌人，但是，真菌和植物有着一种很奇怪的关系，有些真菌事实上还帮助了植物的繁荣。这些"好"真菌生活在泥土中，它们与植物团结合作，协助植物根部相互间的连通。它们不仅不进攻植物，还将其从泥土中获取的矿物营养提供给植物——这是真菌非常擅长的工作，因为它们的输送线分布得非常之远。作为对这种服务的回报，植物向真菌提供一些其产出的甜性食物。

几百年来，这种私下交易被证明是非常成功的。兰花与真菌之间的关系非常密切，前者基本是依靠后者才得以生存的。很多树也依赖于真菌。即使那些并不是依靠真菌存活的树种，也会在与真菌结成地下同盟后长势更好。这也就解释了为什么一些蘑菇和伞菌生长在特定的树种附近，因为它们结成了自然界中最为高效的团队。

植　物

如果有外星人从宇宙探测地球，植物将会是最为明显的生命征兆。植物依靠光而生存，也是形成生物世界的基石。

植物是藻类的远亲，它们都是通过从阳光中获取能量而生存的。大部分植物生长在陆地上，它们适应了从沙漠到极地附近的冻原的所有生活环境。植物最早出现在 4 亿年前，长期以来的进化使其成为拥有地球上最高和颜色最为丰富的生物。

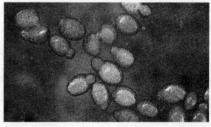

↑浮萍是世界上最小的开花植物，其最小的种类可以穿过针眼，这种浮萍的花则只有通过显微镜才能看到。

植物的发展

世界上最早的陆生植物只高到现代人类的足踝。苔藓植物还是像早期植物那样生活着，它们要在潮湿环境中生长。随着时间的推移，植物变得越

← 一位旅行者正从一株巨大的美洲杉中空的树干往里看。这种针叶树是世界上最重的树种，可以达到 2500 吨。它们防火的树皮可厚达 30 多厘米。

← 蚂蚁植物生活在东南亚，其茎上多孔，被蚂蚁用来安家。这种植物远离泥土生长，从蚂蚁的粪便中而不是从泥土中获取养分。

来越高、越来越坚硬，种类也越来越多。新式的植物包括巨型木贼和桫椤，生活在广阔的湿地森林中。之后，当植物开始产生种子时，便有了突破性的发展：种子是大自然最伟大的发明之一，使得植物可以分布到地球上最干燥和最寒冷的地区。

如今，种子植物包括了针叶树——其种子长在木质的球果中。但是，大部分植物都是靠其花来产生种子的。世界上大约有25万种开花植物，很多可以开出极为引人注目的花朵，它们不是草本植物，就是阔叶树种。

绿色工程

因为植物不能动，所以它们需要特殊的装备以生存下去——它们的根深深地扎入泥土，尽可能地获取水分，而叶子则尽量展开去获取阳光。植物的茎承担着非常重要的工作，即把从根部获取的水分输送到叶子，从而使叶子可以发挥功效。如果一株植物的茎被切断或者损坏，叶子就会很快枯萎和死亡。有些植物的茎是短而粗硬的，有些却可以高达50多米，这些高大的茎就是树干，是陆生生物有史以来装配起来的最重的"工

程部件"。

植物仅仅通过水和空气就能构成其让人惊叹的身躯，这项神奇的技术被称为"光合作用"，是由来自太阳的能量推动的。植物并不是唯一使用这一技术的生物，但在陆地上，只有植物大规模地采用"光合作用"。光合作用产生的养分惠及植物的各个部分——从几千吨重的树干到比灰尘还小的种子。

工作伙伴

几百万年来，动物和植物成为亲密的伙伴。很多开花植物都需要依靠动物来传播花粉，而动物则更离不开植物。没有植物的话，食草动物都会饿死，那么食肉动物也就没什么可以掠食的了。不仅是野生动物，人类也需要植物，没有植物提供食物和原材料，我们人类将根本无法生存。

← 天堂鸟花是由鸟类协助授粉的。如果一只鸟停在蓝色的茎秆上，它的脚同时就沾上了花粉，然后将之带给了下一朵花。

叶　子

叶子的存在很好地回答了在自然界生存所需解决的一个技巧性问题——如何最有效地收集阳光？叶子需要经得住各种环境的考验——从炎热的高温到倾泻的雨水。

叶子的功能就像太阳能板，它们的工作就是收集植物所需的阳光。有些植物的叶子只有几毫米长，而最大的棕榈叶却可以盖住一辆公共汽车。叶子有的像一张纸巾一样柔软细致，有的像塑料一样坚硬，有的还有锯齿状的叶边、锋利的叶尖、大量危险的刺，这些都是经过几百万年才进化而来的，它们使得植物可以适应各种生活环境，并构建起各种不同的生活方式。

↑当叶子对着阳光展开的时候，它们的叶脉就清晰可见了。叶脉有两个功能，它们支撑着叶子，同时也将水分输送到细胞中。从高度放大的图片中可以看到紫杉树叶子上的一个气孔。晚上，这些棕色的守卫细胞就会将气孔关闭，从而避免叶子过度失水。

叶子是如何工作的

不管叶子的外形看起来如何，它们的工作原理都是相似的：它们从阳光中收集能量，用来合成自身生长所需的物质。叶子是通过光合作用来工作的，光合作用需要有二氧化碳和水以及阳光，因此叶子中必须含有这些物质才能使光合作用得以启动。这些物质是通过两种不同的途径来到叶子中的。

叶子从空气中获取二氧化碳，通过被称为气孔的微型小孔进入叶子中，而这些气孔被一些可以控制其开合的细胞所包围着。二氧化碳通过这些气孔后进入到进行光合作用的细胞中。与此同时，氧气逸出。这听起来似乎有点像呼吸作用，但是植物进行这种气体交换不需要付出任何努力，因为叶子很薄，气体的进出非常容易。

随时可用的水

与二氧化碳不同的是，水的运输路径就比较长了——它进入植物的根部，通过一套极其细微的管道系统从茎输送到叶柄，最后进入叶脉。水分到达叶子后，大部分都通过气孔被蒸发掉了，这也促使更多的水被运输到叶子以弥补失去的水分。这个过程被称为"蒸腾作用"，气温越高、越干旱、风力越大，蒸腾作用就越强烈。

仙人掌一天之中只需要使用很少量的水分，因为它们适应了干旱的生活环境。但是大部分植物吸收的水分远远超过仙人掌——一株玉米植物在生长过程中能吸收200升的水，这些水足以灌满一个普通大小的浴缸了。树所需的水分就更多了：一棵

↑热带植物通常长有大大的、松软的叶子，因为它们生活在高温、潮湿且平静的环境里。而在世界其他一些地区，植物如果长有这样的叶子就会被风撕扯成碎片。

大橡树可以在一天之内吸收 500 升的水；白杨树吸收的水分可以使泥土干涸到收缩，以致地上的建筑物裂开或者倒坍。

特殊的外形

要收集阳光，最理想的造型是大而扁平，就像太阳能板那样。但是叶子不是金属制成的，也不像太阳能板那样被拴定在地面上，它们需要结合力量与轻巧于一体，还需要能够在各种环境下运作——无论是狂风大作的山腰还是光线微弱的雨林地区。这也是为什么叶子造型多样的原因之一。世界上没有两种植物的叶子是完全相同的。

大部分植物的叶子都是单叶，也就是一个叶柄上只有一片叶子。复叶则不同，它们分成与自身相像的多个小叶子。更为复杂的是小叶子复合生长在一起，在一根叶柄上组成群叶。草的叶子很容易辨别，因为它们一般都是长长的、窄窄的，叶脉是平行的，但是在其他植物中，叶脉分布得像一张网。

叶子的寿命

不同种类的叶子不仅外形和大小有区别，而且叶面上也有所不同——有些叶子平滑有光泽，有些却是黏的或者摸起来像覆盖着一层软毛。有些叶子人在触摸时甚至会有危险，比如荨麻叶子上覆盖着刺手的绒毛，而毒葛叶子上则带有可以沾到皮肤和衣服上的毒脂。这些特性可以帮助叶子抵挡日晒、雨淋以及干燥的强风，也可以阻挡以叶子为食的动物的进攻。在非洲西南部，千岁兰植物只有两片叶子，可以持续存活几百年之久。但是大部分植物叶子的寿命是很短的，一旦它们的使命完成了，植物便切断了对这些叶子的水供应，叶子慢慢凋零，化作泥土。

叶子的生命循环

每年，常青树的叶子是逐步地掉落的，而落叶树的叶子则是同时凋零的。到了秋天，到处都可以看到落叶，但是到了来年春天，大部分落叶都消失了。这种消失的秘密在于细菌和真菌的作用——它们以死去的叶子为食，将之变成极小的碎片，最后归入泥土。这些叶片残骸使土地变得更为肥沃，帮助更多的植物和叶子的生长。

花 朵

人类都为花而着迷，我们给花作画，给花照相，还常常把它们放在家里。但花的生长不仅仅是供人类欣赏的，它们承担着重要的使命——实现植物的繁衍。

很难想象这个世界如果没有了花会怎么样。

花生长在陆上各种自然环境中，少数甚至在海底"盛开"。花儿装饰了我们的花园，也点缀了马路的两边，有些小花甚至坚强地开放在繁忙的人行道的裂缝中。花有着多种多样的形状和颜色，但是它们承担着一个相同的重要使命：当雌性细胞接收到雄性花粉后，花中便结出植物的种子。

剖析花朵

了解花的最好方法是采用极端手段，从外部开始将花"拆开"。在大部分花中，最先除去的是绿色的小片，被称为花萼，它可以在花还处于花蕾阶段时起保护作用。接下来便是花瓣，这也是一朵花中最为吸引人的部分，它们的作用是吸引动物前来，从而使得花粉在不同的植株间传播。

在除去花萼和花瓣后，剩下中心部分。首先是一圈雄蕊，这是花朵的雄性器官，它们的功能是产生花粉。最中心的是花朵的雌性部分，或者称为雌蕊，它们的功能是从其他花朵上收集花粉，然后形成种子。

传播花粉的使者

简而言之，上述内容也就是讲述了大多数花的构成方式。因为有那么多种类的开花植物，所以也就有几千种不同的花朵。大多数花都像活橱窗一样，用食物吸引动物

↑西番莲花的花瓣向后折起，吸引了很多昆虫前来。它的花形确保了昆虫在进食的时候能够沾上花粉。

1. 清晨，随着花萼的脱落和花瓣的张开，罂粟花开放了。

2. 鲜红色的花朵吸引昆虫前来，同时也带来了其他罂粟花的花粉。

3. 花瓣掉落，留下一个子房，内有数百个发育中的种子。

的靠近。这种食物通常就是甜美的花蜜，但也有些花是以其他部分来回报的，比如花粉。这些花需要被注意，所以它们总是有着亮丽的颜色和诱人的芳香。但并不是所有花都是这样的，很多植物不需要吸引动物，因为它们是靠风来传播花粉的，它们的花朵通常是小小的呈绿色的，很容易被忽略。

开花结果

　　动物通常不是雌的就是雄的，但是在植物世界中，事情就不是那么简单了。由于大多数花都具有雄性和雌性器官，所以它们的主人同时既是雄性的又是雌性的。这类植物通常是与其邻居相互传播花粉的，但是某些情况下它们可以自花授粉——如果它们独自生长，附近没有伙伴的话。

　　但是很多其他植物，比如南瓜，有着不同的雄花和雌花，它们的花生长在同一个植株上，但是只有雌花才能结果生子。此外，还有一些植物像动物一样，有雄性植株和雌性植株之分，奇异果就是其中一种——要产出奇异果，农民需要在地里同时种植它的雄性和雌性植株，这样才能实现授粉。

授　粉

与动物不同的是，植物不会配对来繁殖后代，它们是通过另一个方式——交换微小的花粉粒来实现结合的。

对于植物来说，繁殖后代是一项颇有诀窍的工作——需要雄性和雌性细胞，如果可能的话，这两种细胞需要来自于不同的植株。但是因为植物不能动，所以两个植株永远都不可能碰面。正是这个原因，花粉出现了，这种粉末状的物质含有植物的雄性细胞，又小又轻，便于在不同植株间传播。当花粉到达花的雌性部分时，便使得雌性细胞受精，一旦这一关键步骤完成后，雌性细胞便开始产生出种子。

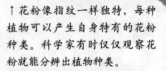

↑花粉像指纹一样独特，每种植物可以产生自身特有的花粉种类。科学家有时仅仅观察花粉就能分辨出植物种类。

传播中的花粉

花粉是由雄蕊或者说花的雄性部分产生的。一旦花粉成熟，花就会将其释放出去，这样，花粉就可以在不同的植株之间旅行。这个旅程可能只是到邻花便结束了，但也可能一直走到千米之外。每种植物都有自己的花粉"品牌"，也只能在同种的植株中

↑在夏天，快速地摇动树干，可以使松树释放出大量黄色的花粉。这些花粉两侧带有微小的气囊，可以帮助它们飘散开来。授粉。

花粉是通过两种不同的方式传播的，有些植物仅仅是将花粉抖散在空中，于是，花粉便随风飘散，幸运的话，其中一些就会落到同种其他植株的雌性器官上。这种方式被世界上所有的草类以及很多阔叶树所使用，此外，也为针叶树所使用，区别在于：针叶树的花粉藏在球果中，而不是在花中。

风传播的命中率很不确定，因此需要耗费大量的花粉，在暖暖夏日的早晨，风媒类花朵向空气释放出几百万粒花粉。花粉很小，肉眼看不见，但是会让很多花粉过敏的人不停地流鼻涕和流眼泪。

花粉携带者

世界上最早的种子植物都是由风传播花粉的。但是当开花植物出现后，它们找到了更为聪明的传播方式——植物进化出可以吸引动物的花朵。作为对花朵提供食物的回报，这些动物充当了私人快递员的角色，将花粉带到了目的地。

最早帮助花粉传播的动物很有可能是甲壳虫，因为它们常在花中进出以寻找食物。如今，传粉动物包括各个不同种类的昆虫、鸟、蝙蝠以及有袋动物。在长时间的合作伙伴关系中，花和传粉动物已经融洽得像锁和钥匙一样般配了。当一种动物来到一朵花时，花的雄性部分或者雄蕊就会将花粉沾到动物身上，于是花粉就被带到了下一朵花中，在那里，花的雌性部分正等待着花粉的到来。一旦花粉被送达目的地，便会经一条细长的管道一直通到花的子房，里面装的正是花的雌性细胞。一粒花粉就可以使一个雌性细胞受精，此后，这个细胞就生长成一粒种子。

↑蜂鸟是唯一可以在进食时帮助传播花粉的鸟类——花粉沾到它们的脸上，之后便被传播到下一朵花中去了。

动物传粉

单是观察一朵花，通常就能很容易地说出其是由哪类动物传播花粉的：靠昆虫传播花粉的花通常有着明亮的颜色和香甜的气味，因为昆虫会被这种艳丽的颜色和甜甜的气味所吸引；形状较平的花朵通常是由苍蝇和黄蜂传播花粉的；管状花朵则一般是由蝴蝶或者蜜蜂传播花粉的，因为它们有着长长的舌头，所以可以触到花的底部，那里等待着它们的正是甜美的花蜜；靠蛾类传播花粉的花，比如金银花，有着类似的管状外形，它们在夜间散发出一种芬芳，而此时正是蛾类活跃的时候。

因为大部分昆虫的体形都很小，因此靠昆虫传播花粉的花朵一般也是外形较小的，鸟类或者蝙蝠常把花朵作为落脚的地方，因此这些花必须强壮一些。一只鸟或者蝙蝠吸食的花蜜远远多于一只蜜蜂的吸食量，因此这些靠鸟类或者蝙蝠传播花粉的花朵会一次连续好几天产生花粉，以确保有足够的吸引力。

合作者

很多传粉昆虫会在多种植物的花中逗留，但是也有一些只喜欢在一种花中活动，这些昆虫从植物中获取自身所需的所有食物以及繁殖后代所需的场所。作为回报，它们向植物提供私人运输服务，在世界上的温暖地区，无花果树就是以这种方式传播花粉的——世界上有1000多种不同的无花果树，但神奇的是，每种花朵都有其专门的传粉蜂类。

头状花

↑莲属植物有很大的单朵花。就像世界上最早的花一样，它们的花瓣也是简单地排成圈，因此它们的各个器官部分清楚可见。头状花则要复杂得多，每朵花通常都隐藏起自己的真面目。

对于植物来说，吸引动物的最好办法是进行一场令其印象深刻的表演，所以很多植物都是成群地绽放自己的花朵。

单单一朵花是很难被发现的，想象一下，如果在一大片地里寻找一朵罂粟花是多么困难的一件事。但是如果一株植物有成百上千朵花，那么，这样壮观的场面是不会被忽视的。有的植物通过同时绽放或者成簇地生长大量花朵——也就是常说的"头状花"——来进行一场盛大的表演。如同花朵本身一样，头状花多种多样，世界上很多有名的"花朵"事实上是头状花伪装而成的。

群 花

要寻找最为常见的头状花，到最近的一块草地上看看就会发现了，那里是雏菊最喜欢的生活环境。雏菊是世界上最为成功、分布最为广泛的野草。雏菊植物看上去好像有单朵的花，但事实上每朵花是由很多"小花"组成的。在这种头状花中，小花好像是被排列在一个盘子上，处于中间的小花产生花粉和种子，而围列在周围的每朵小花都有一个的特别大的花瓣，使得头状花颜色很鲜明，很容易被发现。

雏菊属于一个很大的植物家族，至少有25000个不同的品种，它的近亲包括蒲公英、婆罗门参、蓟和向日葵，以及很多花园植物。该家族每个品种都是独特的，但是它们的头状花都有着相同的布局。

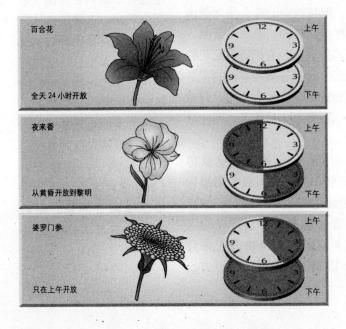

百合花
全天24小时开放
上午
下午

夜来香
从黄昏开放到黎明
上午
下午

婆罗门参
只在上午开放
上午
下午

← 不同的花通常有着不同开花时间。在图中，12小时制的钟里的黄色部分表示该种花的开放时间。百合花从来不闭合，而通过蛾类传粉的夜来香只在夜里开放，白天闭合。婆罗门参的头状花是开放时间很短，它们在日出前后开放，中午就已经闭合了。

↑这棵泰坦魔芋花的头状花超过2.4米高，外圈周长可以达到4米。野生泰坦魔芋花很少见，现在主要被种植在植物园里。

尖顶形和伞形

雏菊的小花比人类的头发宽不到哪里去，但是有些头状花的小花非常大，小花之间的空间也比较大，比如洋地黄，它的小花像顶针一样大，最方便大黄蜂在里面进出了。

在洋地黄的头状花中，最底层的小花最早开放。因此当一只大黄蜂落到花上寻找花蜜时，它是从头状花底部开始，一直向上工作。洋地黄很好地利用了这一点，因为其最先开放的底层小花中只含有成熟的雌性器官，这些花收集起蜂身上带有的花粉，从而发育出种子。往上的小花更嫩，其中只有雄性器官是成熟的，它们把花粉撒到蜂身上，蜂便带着满身的花粉飞向了另一株洋地黄。

还有很多其他植物的小花都排列成尖顶形，但是胡萝卜属植物的小花都是排列成伞形的，每把"伞"都有自己的一套轮辐，轮辐顶端长的便是一组小花。对于昆虫来说，这些头状花使得它们的进食更为方便了，此外也是它们晒太阳的好地方。食蚜蝇最喜欢这种伞形头状花了，而且还严密地守卫自己的这块领地，一旦发现有外敌入侵，即会直冲上前将其赶走。

头状花之最

世界上最高的头状花属于一种生长在玻利维亚被称为"莴氏普亚凤梨"的植物，它的头状花可以高达10米，其中含有近1万朵白色的小花。莴氏普亚凤梨植株可以存活100多年，但是一生中，花只开放1次，开放时间长达3个月，然后便是死亡。如果从大小和气味结合的

角度考虑，没有一种植物可以与泰坦魔芋花（或者被称为"魔鬼的舌头"）相比，这种植物生活印度尼西亚苏门答腊岛上的雨林中，它的头状花是从一个巨大的地下块茎绽放开来的，看上去像一个肉质的、柔软的尖顶矗立在一个革制的杯子中。与莴氏普亚凤梨的花头不同的是，泰坦魔芋花只能开放4～5天，而且会散发出一种强烈、类似于烧焦的气味和腐鱼的气味混合在一起的臭味。苍蝇很喜欢这种气味，但是会让人类觉得实在恶心，甚至能让人昏厥过去。泰坦魔芋花的每朵小花都很小，而且隐藏得很好，唯一可以看清楚的方法是先深吸一口气，屏住呼吸靠近它，往其内部看去。

↓当向日葵开花时，它们的外圈小花首先绽放。因为它有很多小花，所以可以持续开放很多天。

种子和果实

　　每一粒种子内部都是一个植物的幼体，等待着生长的机会。种子保护着这个幼体，而果实则帮助种子传播得更广、更远。有些种子比尘粒更小、更轻，但世界上最大的果实却几乎可以达到半吨之重。

　　种子天生就能持久，它们是整个植物世界中最为坚韧的物体：如果干燥保存，它们可以存活好几年；如果冷冻保存，它们可以存活一个世纪甚至更久。但是只要外部条件合适，种子就会萌芽，也就意味着内部的胚芽开始生长。果实是包裹种子的容器，它在种子发育的时候保护着种子，通常还帮助种子的传播。

种子还是果实

　　种子和果实是完全不同的两个植物器官，却很容易被混淆起来。种子通常是又小又硬，每一粒中都包含有一个植物的胚芽。

　　大多数种子内部还有预存的"食物"，可以为胚芽提供养分，直至其发芽。此后，"食物"仍然帮助幼苗生长，直至其能自己合成所需的养分为止。

　　我们日常生活中看到的果实一般都是柔软、多汁、美味可口的。但是对于科学家来说，果实就是由一朵花产生而来的、包裹着种子的植物器官。也就是说，果实不仅包括苹果、橘子和葡萄，也包括黄瓜、椰子、番茄甚至豆荚和罂粟果等多种。世界上最重的果实是南瓜，其体重最大的纪录是 481 千克。

储藏的种子

　　虽然种子看上去总是又小又脆的，但是它们却可以

↑ 这 4 幅图显示的是麦苗的发芽过程。麦苗需要水分，因此它们的首要任务是长出根部，从而可以从泥土中吸水。

应付可能杀死成年植物的各种环境。它们不需要阳光，可以在几乎没有水和空气的环境中生存。而且，种子不惧怕寒冷，低温只会减缓化学反应，所以把种子放在冰箱中可以起到保鲜的作用。

　　一旦把它们取出，加

热加湿，它们就能够奇迹般地活过来。冷冻保存常为很多自然资源保护管理学者用来保护世界上的濒危植物。在过去的10年当中，几千种珍稀植物的种子被收集、晒干，储存在世界各地的特殊的种子银行中。它们被保存在大约−200℃的环境中，基本等同于极度深寒。在这些寒冷的条件下，种子可以保存很长时间。现在保存起来的大部分种子都将一直存活到2100年，甚至更长久。

↑这是一种攀缘植物的翅果，被称为"翅葫芦"，生长在东南亚雨林中。在总长达15厘米的"翅膀"的帮助下，它可以"飞行"1分多钟后才慢慢落到地上。

发 芽

种子需要有合适的温度和湿度才能发芽，但是为保险起见，它们会寻找合适的时间来结束自己的"冬眠"。在冬季寒冷的地区，大部分种子一直要等到春霜后几个星期才会发芽。也就是说，种子基本是在冬季完全结束时才复苏过来，而不是在缓和期。在沙漠中，很多种子都会被一场突然而至的暴雨而唤醒，而在灌木地，种子常是被丛林大火产生的自然化学物质而激活的，这套神奇的系统是这样运作的：当大火结束，地面上覆盖起一层肥沃的灰烬，种子便开始生长了。

对抗威胁

种子尽管坚韧，但是每一粒种子生长成成年作物的机会还是很小的：有些发育到幼苗时就遭遇了灾难，或者尚未脱离母体时就被动物吃掉，此外，很多种子还躲藏在地下时就遭遇了相同的命运；小型鸟类常以种子为食；种子也会受到疾病和霉菌的攻击。在上述重重危险下，它们生存概率如此之小也就不足为奇了。

为了弥补这些"伤亡"，植物大量地产出种子：一株草类植物可以产出几百粒种子，而一棵橡树可以在一年中产出10万多个橡子。与草类不同的是，一棵橡树可以将上述产子状态保持两个世纪甚至更久。

但是说到产子冠军还是要算高高盛开在热带树木上的兰花，其每个植株上都能产出1000万粒以上的种子。这些兰花种子是世界上最小也是最轻的种子，几乎10亿粒种子才能抵得上1颗豌豆的重量。

← 这些非洲乌木苗生长在一堆象粪中。非洲乌木的种子通常先被动物吞下，然后再被排出体外，从而在粪便中发芽生长。

移动中的种子

幼年植物需要离开它们的母体，以获得充足的阳光和水分。几百万年来，植物已经进化出很多令人吃惊的方法来将其种子传播得更远、更广。有些植物是完全由自己来完成这样任务的，而很多植物则是依靠外部世界的力量。

虽然植物不能动，但是它们的传播能力却强得令人难以置信，它们能够很快占据新开出来的土地，不管这是谁家的后院或者是遥远海上的一个小岛。植物还会在其他植物上安家，有些甚至在城市的高墙和屋顶上扎根。植物之所以能够到达这些地方，是因为它们的种子是天生的旅行家，没有什么地方可以阻挡它们的脚步。

弹射和炸裂

世界上最重的种子叫

← 在中美洲雨林里，凤尾绿咬鹃以种子大或者果核大的果实为食。这种鸟类可以消化掉果实的大部分，但是将果核丢弃在雨林的土地里。

海椰子，来自于一种生活在塞舌尔群岛上的罕见的棕榈树，它的种子可重达20千克。成熟的时候，海椰子就会掉到地上，滚出几米远，然后停下来。但是很多种子走得远远不止于此，它们依靠果实来传播，这些天然的种子容器本来就是用来帮助种子的传播的。

植物的果实变干后常常可以帮助种子飞得很远，比如罂粟果可以像一个小型胡椒盒一样，当风吹过时，把种子散播出去。而豆荚则更像一个弹射器，当豆荚被太阳晒干后，就会突然裂开，将种子撒在地上。

有一种比较特别的果实被称为喷瓜，它可以像一个小型炸弹一样，当其成熟时，果实就会炸开，种子和果汁可以被喷射出几米远。

漂流者和漂浮者

弹射和炸裂已经可以很好地帮助种子传播了，但是如果依靠漂流或者漂浮，那么种子则可以走得更远。世界上最为成功的草类，包括蒲公英和蓟，果实多毛，可以被风吹得很远。每个果实中都含有一粒种子，降落伞造型的毛可以帮助它"飞行"。在森林中，植物通常都能产出带有"翅膀"的果实，可以像直升机一样"飞翔"，而后降落在地面上。

有些"翅膀"只有指甲那么大，但是有些——比如翅葫芦果实的"翅膀"——则大得像鸟类的翅膀。

海岸植物，比如椰子树，通常能产出可以在水中漂流的防水果实。如果一个椰子被水流带走，它可以穿越整个海洋，在

↑榛睡鼠正在食用黑莓大餐，与此同时，它也将种子带到了其活动的各处。像这种软软的果实在成熟时会变颜色，告知动物它们已经可以食用了。

另一个遥远的海岸上发芽生长。生活在加勒比海岸上的一种被称为"海豆"的植物就具有上述功能，它的种子呈心形，常常穿越整个大西洋，有时甚至被水流带到遥远的北极圈附近。

动物助手

前述这些传播途径实在已经很令人吃惊了，但更多的还在后面。就像植物利用动物来传播它们的花粉一样，植物也利用动物来传播它们的种子。很多果实都有钩子，可以勾挂到动物的皮毛上，有些果实还善于粘到人类的袜子和鞋子上，这样，它们可以被带到其他地方。幸运的是，大部分这种搭顺风车的果实都是小小的，但也有较大的——生长在非洲的魔鬼爪长有 8 厘米长的钩子，刚好可以钩到羚羊的角上去。

多汁的果实也利用动物来传播，但是它们通常

采用比较迂回的方式——当果实成熟后，通常是颜色鲜亮，这就吸引了动物前来寻找食物。动物吃东西比人类简单多了，它直接将果实连同种子整个吞下。这样，果肉很快被消化掉了，但是消化种子就要难得多。除非动物在食用果实的时候进行了咀嚼，否则这些种子会完好无损地被排出体外。消化液常常能帮助种子发芽。因此，没有动物，有些植物的种子很难发育生长。

食用果实的动物包括各种鸟类和哺乳动物，甚至一些鱼类。其中的大部分是很好的种子传播者，因为它们的活动范围很广。对于植物来说，这种方式传播种子是事半功倍的，因为种子不仅被带走，而且被播撒到了事先预备的肥料——动物的粪便中。

↓当风滚草停止开花后，它们的根开始枯萎然后断开。死去的植株被风吹走，把种子撒到了所到之处。

更多资源获取 扫码

无花植物

不管你如何努力，你都不可能找到一种开花的苔藓或者蕨类，这种植物就像是地球上最早出现的植物一样，不需要通过开花来繁殖。

直到恐龙时代结束，都没有出现开花植物，没有草类（也属于开花植物），也没有阔叶树类，所有的植物都通过播撒孢子或者产生原始的种子来繁殖后代。在此之后，世界发生了翻天覆地的变化，恐龙灭绝了，无花植物被开花植物逼上了绝境。但是无花植物还是存活了下来，有些还非常成功。

苔藓和地钱

如今要观察无花植物，最佳地点之一是在激流边上——奔流的水形成了凉爽、潮湿的生活环境，这正是苔藓植物最为繁盛的地方。苔藓是很初级的植物，没有真正的叶子和根，它们

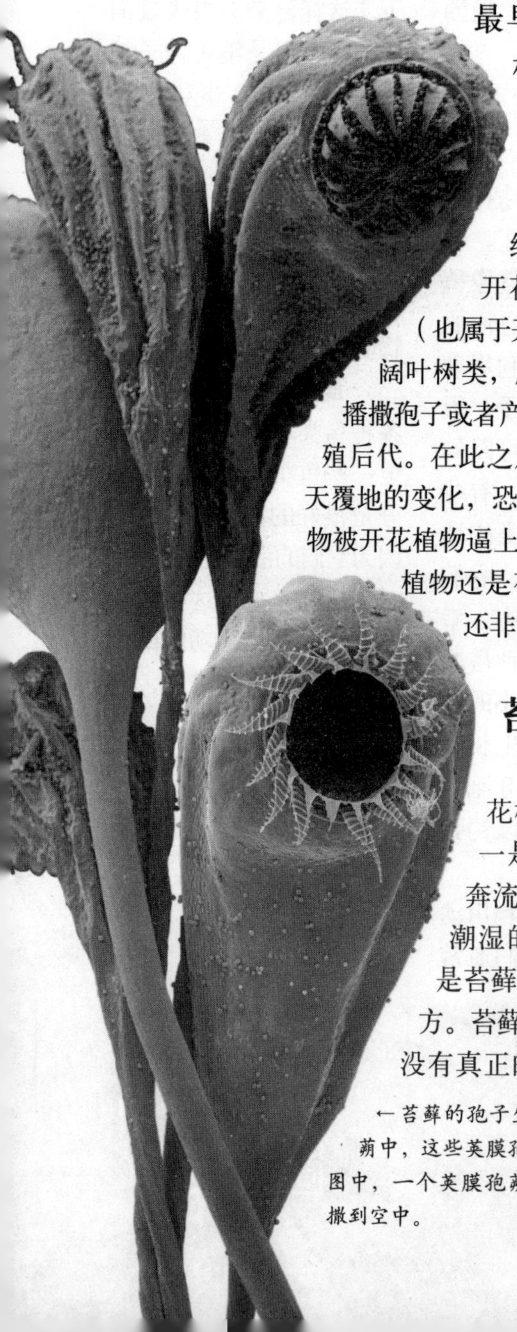

←苔藓的孢子生长在其纤细的芙膜孢蒴中，这些芙膜孢蒴通常只有几厘米高。图中，一个芙膜孢蒴已经打开，孢子都被撒到空中。

看上去就像鲜绿色的垫子，有些生长在水下的则像是摇曳的头发。与开花植物不同的是，它们一般都很小，而且生长得很紧密。世界上最高的苔藓品种生长在澳大利亚，但也只有60厘米高。

为了生长，苔藓必须保持湿润，很多苔藓自身都能像海绵一样保持水分。虽然它们喜欢像河滨和沼泽这样的地方，但是它们也并不是必须永远地保持潮湿状态——一些苔藓生长在岩石和墙上，在那里它们可以保持干燥状态几个星期甚至几个月。这些脱水的苔藓看上去呈灰暗色，好像已经死了，但是当雨水来临时，它们又很快地复苏过来。

河滨地带也是世界上结构最为简单的植物——地钱的首选生长环境。有些地钱看起来像是小型的舌头，而有些则像是长着小叶子的丝带。地钱是分成两枝、横向爬行生长的，而不是像苔藓那样向上生长。很多地钱都是生长在潮湿的岩石上，但是在热带雨林中，它们也可以在其他植物的叶子上生长，地钱并不会将这些植物置

←地钱通过孢子传播，可以长出杯子状的器官用来存放这些小型的"蛋"。这些"蛋"被雨水击中后会从"杯子"中跳出来——与鸟巢菌的传播方法不谋而合。

近亲被称为千岁兰，可以说是世界上最为奇特的植物之冠，它生长在非洲西南部的沙漠地区，看上去像是一堆垃圾而不是什么有生命的东西。

于死地，但是的确会窃取一些阳光。

蕨类植物

　　世界上有 11 000 多种蕨类植物，是最大的无花植物群。最小的蕨类植物可以放入到一个蛋杯中，而最高的种类——树蕨可以高达 25 米。大多数蕨类植物都在地上扎根，但是有些也会攀缘到树干上，少数的则漂浮在池塘水面上。有些蕨类植物属于珍稀种类，但是有一种叫作欧洲蕨的种类，是一种让人烦恼的野草。

　　与苔藓和地钱相比，蕨类植物更像开花植物——它们有真正的根、茎和叶子，也有内部的输送管道，可以将根部从泥土中吸收的水分运输到叶子。但是蕨类植物没有花，而且是通过孢子而不是种子传播并繁殖后代的。它们的生命循环介于两种不同的植物之间。

↑膜蕨因为其叶子只有细胞膜那么厚而得名。这些外形精致的植物只能在非常潮湿的地方生长，因为它们很容易变干。

针叶植物和它们的近亲

　　有种子的植物一般就能开花，但是在植物发展的历史上，却是先出现了种子，这也就解释了为什么针叶植物有种子却没有花。世界上有大约 550 种针叶植物，与 250 000 种开花植物相比，它们的数量是很小的。但是在干旱和严寒的地方，这些针叶植物仍是很成功的，在地球极北地区，它们形成了北温带森林——世界上面积最大的森林。

　　针叶植物也有近亲，但是很少见到，其中包括铁树目裸子植物——一种外形很像棕榈树的树种，以及银杏树（或者称为铁线蕨）——来自于远东地区的"活化石"，它们叶子的外形像是鲜绿色的扇子。针叶植物的另一种

↑针叶植物
有两种球果：雄性球果可以产生花粉，而雌性球果则用来产生种子。图中是来自落叶松的雌性球果，它们还很柔软，但是随着其慢慢成熟，就会慢慢变硬，形成木质。

植物的生命周期

生长在中国中部的竹子，每个世纪会大规模的开花、结子 2～3 次，然后死去。然而，这种生命的最后绽放也并非出于偶然——这只不过是植物生命存在的一种方式。

与动物相比，植物的生命长短差别大得令人吃惊。有些植物只能存活几个星期，而比如狐尾松却可以存活 5000 年以上。石炭酸灌木可能已经度过了其 10000 岁的生日，因为每一丛都会在老灌木丛死后继续繁衍。有一些植物，包括很多竹子类的植物，一生只开一次花，此时也正是其生命的终点。但是不管它们的生命周期有多长，植物都是按照一定方式来划分自己的生命阶段的。

↑毛蕊花属于两年生植物。在第一年(上图)，这种植物长得很矮，有着莲座形的叶丛。第二年(下图)，它使用所有能量长出了一个很引人注目的头状花，高度可以超过 2 米。

生命的速战速决

对于很多杂草来说，速度是一生中的重要方面。这些植物通常生长在时常被滋扰的土地上，它们需要在其他体型更大的植物将它们挤出去之前完成开花和结种。它们把所有的能量用在开花上，然后死亡，它们并不将能量

↑旷野上的罂粟是典型的一年生植物，生命周期一般只有几个星期。它们的植株虽然不能存活很长时间，但是它们的种子可以在泥土中存活很多年。

储存起来以备环境恶劣时使用。这些植物被称为一年生植物，因为它们在不到一年的时间中完成了整个生命过程。一年生植物包括罂粟和其他路边生草类，以及那些在沙漠中遇到雨水方能复苏的植物。

生命的两个阶段

在冬季比较寒冷的地区，很多植物依照一个特别的时间表来度过一生，它们可以生存

两年：第一年，集中生长和储存养分；第二年，它们利用储存的所有养分来为开花提供能量。随后，它们的生命通常也就走到

了尽头。这些植物被称为两年生植物。

两年生植物通常将养分储存在根部或者块茎处，因为这些器官藏在地下，不容易被动物吃掉。胡萝卜是两年生植物，它们总是在第一年就被挖起，否则第二年它们就会开花和结子了。

多年生植物

一年生和两年生植物都属于"暂时性"植物。它们出现得很快，但是从来不在同一个地方生长很久，因为它们要与其他"永久性"植物竞争。这些"永久性"植物被称为多年生植物。其中包括那些每年枝叶都会死去，但是来年又从根部发出新芽的植物，比如世界上所有的灌木和乔木。与一年生和两年生植物相比，多年生植物打的是持久战，它们生长很缓慢，需要很多年才能长成成年植株。但是，一旦长成后，它们把那些生长快速的植物遮在其阴影下。与它们的小型竞争对手不同的是，大部分多年生植物每年都会开花。

终场演奏

99% 以上的植物都是遵循前述三种生命周期中的一种，例外的是植物世界中的真正怪胎，它们把所有的能量都用在一生一次的开花上。这些植物包括很多不同种类的竹子和龙舌兰属植物和凤梨科植物，以及有名的贝叶棕榈树——贝叶棕榈树会一直生长 75 年左右，然后它会摆出世界上最大的鲜花造型。虽然这些树在开花后死去了，但是这个终场演奏也并不是不值得的，因为可以收获大量的种子。

↑ 龙舌兰的头状花可以高达 15 米。像这样高大的花序需要大量能量才能生长，所以它们只开一次花，随后便死亡了。

← 这棵澳大利亚圣诞树属于木本多年生植物。只要有足够的水，它就可以连年生长。到了圣诞节期间，它会展示出壮观的开花场面。

蕨类植物的生命周期

成年蕨
（孢子体）

配子体

雌性细胞

雄性细胞

← 蕨类植物有着复杂的生命周期，涉及到两种不同的植株。成年蕨类植物会释放出孢子，可以发芽长成被称为"配子体"的植株。这些植株中的雄性和雌性细胞结合到一起产生成年蕨类植物的下一代。蕨类植物的"配子体"只有纸张那么薄，通常比一张邮票还要小。

↑这是一幅橡树树干深处细胞的放大效果图。

树

树是迄今为止在地球上存在过的最高、最重的生物。几千年来，它们为人类提供木材和食物。如今，在世界的偏僻角落，仍然有新的树种不断地被发现。

人类在谈到树和植物时，似乎总是把它们作为两个概念来提，原因很简单，因为树可以长到一个惊人的大小。但树仍然是属于植物，虽然它们涵盖的种类相当广。让树显得特别的方面在于它们有木质的树干和树枝：木材是植物世界中最为坚硬的"建筑材料"；木材的形成需要大量的时间和能量，但这使得树木可以在其他植物中鹤立鸡群，从而在争夺阳光的战争中具有不可比拟的优势。

气候的影响下，这些高大的针叶树可以长到 110 米高，在过去，甚至还有过比这个更高的记录：1885 年，在澳大利亚发现一棵已经倒下的花楸的巨型树干，当这棵树还活着的时候，它的高度可能超过 140 米。但是一些树木专家相信，史前的树木可能高达 175 米，也就是说大约有 25 层

直入云霄

世界上最高的树种为海滨红杉，生长在美国加利福尼亚州的北部地区。在温和多雾的沿海

→ 来自肯尼亚卡塔梅加森林的这棵巨大的无花果树，被蜿蜒在地上的巨大的板根支撑着。无花果树是阔叶树类，主要生活在世界上的温暖地区。

↓ 树的记录

花楸 学名：Eucalyptus regnans	143 米	澳大利亚
测量记录的最高值（1885 年）。现存的活花楸高达 98 米，是世界上最高的阔叶树。

花旗松 学名：Pseudotsuga menziesii	126 米	北美
测量记录的最高值（1902 年）。世界上最高的活花旗松刚过 100 米。

海滨红杉 学名：Sequoia sempervirens	112 米	北美
最高的活针叶树，目前是世界上最高的树。它的亲戚——巨杉是世界上最重的树。

蜡棕榈树 学名：Ceroxylon quindense	40 米	南美
世界上最高的活棕榈树，拥有最长的直立无分支的树干。

楼那么高。当建筑师设计摩天大厦的时候，他们确切地知道建筑的最终高度，但是一棵树会不停地往上长，直至外力阻碍了它或者使之倒下。树面临的威胁主要包括闪电、干旱和狂风。树长得越高，它们也就越危险。

↑生长在美国加利福尼亚州的树干笔直的海滨红杉总是吸引大量的伐木者。几年来，天然资源保护学者正在争取停止对这些针叶树的砍伐活动。

树的分类

除了极少的例外，世界上所有的树都属于植物界树种的两个分类。

第一类是针叶树，也就是种子长在球果中的树，这类树大部分都是常青树，长着鳞片形或者针形的叶子。针叶树生长很快，通常有很直的树干，使得其成为非常有用的木材树。世界上只有大约550种针叶树，与植物种类的庞大总数相比是非常少的，但针叶树很常见，而且因为它们是被种来获取木材的，所以种植面积更趋广大。

第二类是阔叶树。并不是所有被称为阔叶树的树都长有阔叶，但是它们都会开花。一些树的花是由风传播花粉的，但是很多树开有引人注目的花，从而吸引动物前来。在热带地区，阔叶树通常是常青的，但是在有干旱季节或者寒冷冬季的地区，这些树每年都会有几个月片叶不长。阔叶树的种类非常之多，生活在世界上各个环境中——从沙漠到海滨泥沼。已经发现的阔叶树有1万多种，但是其总数到底有多少，没有人能真正说得清。

↑阔叶树都开花，但是它们的花粉传播方式各不相同。橡树(1)利用风实现授粉，南欧紫荆(2)和七叶树(3)通过昆虫实现授粉。

← 在露天地方长大的树木通常外形不对称，这是因为盛行风会将树木迎风面的芽全部摧残掉，使得树木只能顺着风的方向生长。图中的被风吹扫的形状保护了这棵树的生长。

树木如何生长

树木能生长几百年之久，所以它们必须长得十分结实。大多数树木在它们的生长过程中变得强大起来，树龄越高、树木越大，它们也就越强壮。

在热带，一些树木可以每年长 5 米之高，这一速度是人类十几岁时生长速度的 100 倍。在世界其他地区，树木的生长速度要慢得多，但在每年春天仍然能长高 1 米以上，对于树木而言，生长是一项繁杂的事务，而且需要细心管理。因为每长高 1 米，它们被风吹倒或者折断的风险也就增加了一分。

边材和心材

树木并不是只向上生长，大多数树木还会向边上生长，这些向外生长的部分是由树木的形成层构成的。所谓形成层是只有细胞厚薄的一层活组织。形成层就

↓在山里，树越是高，生长速度越是慢。树线标记着树木能够适应的生活环境的最高限。

位于树皮之下，就像一层覆盖整棵树木的无形薄膜。

当形成层的细胞开始分裂时，树木就开始生长。在形成层的内表面，细胞产生出新木材供树干生长和树枝扩张。形成层的外层生成新的树皮，向外推张，使旧树皮裂开或者脱落。这两种方式能使树木长大，给予树木生长所必需的力量。由于形成层靠近树皮表面，这里的木材是一棵树中最新的，它们被称为"边材"。有

↑榕树芽根可以变成额外的树干。世界上最大的一棵榕树有 1700 多棵树干，覆盖面积超过了一个足球球门大小。

时候，充满了树液，切开的话会感觉十分光滑湿润。当每年的边材变老后，它逐渐开始停止传输树液，其中的细胞和树脂与油脂粘在一起并结块，从而变成又重又硬的心材。心材就像骨骼一般，使树干和树枝变得更为强壮。不过和骨骼不同的是，心材并不会生长，其中所有的细胞几乎都是死的。

年　轮

在终年温暖潮湿的地区，树木一年到头都可以生长。但是，在冬季十分寒冷的地区，树木生长的高峰期就集中在春天和初夏。这些生长峰期会在树木中留下年轮，当树木被砍伐时就可以看到。通过计算年轮，很容易就可以推算出树木的年龄。实际上，年轮能反映的信息远不止这些：当生长条件优越时，年轮较厚；在恶劣的年份，年轮就会比较窄，这就能显示出过去的天气变化。通过考查世界上最老树木的年轮，树木年轮专家已经能够拼凑起过去5000年来全世界的气候记录了。

棕榈树

大多数树木的形成层是环绕式的，但是棕榈树和其亲族的形成层却大相径庭：它们只有一个单一的位于树干顶端的生长点。生长点形成树干，当树干向上生长时，生长点以下的生长就停止了。如果棕榈树的顶部被砍掉，那么它就会停止生长并死亡。

这种罕见的生长方式使得棕榈树在长高时树干不会变粗，这就是为什么它们总是如此的优雅。棕榈树并没有真正的树皮，也就是说它们的切口不会愈合。人类在采摘椰子时就是利用了这一点。他们在椰子树上切割出的用于攀爬采摘椰子的阶梯终其一生都会存在。

改变形状

棕榈树没有树枝，但其他树木都有，而且新的树枝会遮住底下的旧树枝。为了处理这一问题，树木通常会自行手术——离地面最近的树枝会自己脱落。这种外科手术发生在幼树时期，会持续多年，

↑东南亚的贝叶棕榈一生只开一次花，之后便会死亡。每棵树可以开出25万朵奶黄色的花。

最后，剩下的树枝就越长越高，整棵树就变成一个皇冠形状。世界上最大树枝自卸群生活在热带森林中，这里，最高的树木最后长成30米高的平滑且无分支的树干，直插云霄，就像林地上的柱子一般。

树木用其他方式对环境做出反应：当比较拥挤时，他们就长得比较高，而且会顺着盛行风的方向生长；在阴暗的地方，它们的叶子一般比较大。这些不同的生长模式就解释了为什么没有两棵树木是完全一致的。

植物的自我保护

遇到饥饿的动物时，植物完全没有反击的余地，但是它们也有大量的武器可以防御动物的进攻，甚至将之杀死。

在动物王国中，素食者和肉食者的比例至少是10∶1，从小虫子到大象，加起来有几十亿张嘴，饥饿地等待着自己的食物。如果没有任何保护，世界上的植物将是非常无助的，它们的最后一丝痕迹也终将从地球上消失。但是，植物却实现了自身的繁衍，那是因为进化赋予了它们创造性的，有时甚至是痛苦的自我保护能力。

↑毒葛中含有一种叫作"漆酚"的化学物质，它可以导致皮肤发炎。这种有毒物质可以通过粘在衣料上或者在植物燃烧后的烟雾中进行传播。

秘密的防御工具

植物世界中最为常见的武器通常要通过显微镜才能看得见，那就是细小的绒毛，这些只有几毫米长的细小绒毛像小型森林一样覆盖了很多植物的表面。有些绒毛是带有分叉的，可以在被折断后钩挂住虫子的嘴巴；有的能够产生黏性物质，可以困住蚜虫和其他吸汁鸟类，从而抵御入侵。绒毛对于保护新长的茎干和叶子至关重要，因此它们通常摸上去会有柔滑的或者黏性的感觉。

为了抵御体型较大的动物，较大的武器是不可缺少的。在荨麻的茎干和叶子上，长有中空的由二氧化硅组成的绒毛，可以像人类的皮下注射器一样使用。如果动物或者人类触碰到其中的一根绒毛，绒毛顶端就会折断，同时注射出一种有毒的化学混合物，其中也包括甲酸（蚁酸）——这种物质在被蚂蚁叮咬后也有出现。

普通荨麻的刺带来的伤害只持续几小时后就会逐渐消失，但是有些种类的则

↑多刺仙人掌脆弱的茎干上覆盖有大量的刺。如果有动物触碰到这类植物，茎干会自动断落，同时附着在触及的皮肤上面。

→ 动物经常会通过伪装术来躲避攻击，但是这类手段对植物来说很难。不过西南非洲沙漠地区发现的这些"活石头"就可以在石块遍布的生活环境中将自己伪装成鹅卵石。

不然，比如新西兰荨麻的刺就要厉害得多，能够使家畜死亡。然而这些刺却因为个头过大而威胁不了昆虫，这就是为什么许多毛虫以荨麻叶为食，并饱食终日。

刺和棘

在一些干燥的地区，动物靠植物补充水分、充当食物。在这些地方，植物通常通过恶刺来自卫。刺槐的刺是木质的，能够长达15厘米，不过最麻烦的还是仙人掌刺——有些仙人掌的刺层层叠叠，如果一根仙人掌刺扎入动物的皮肤，往往会使其很痛苦，要剔出那些刺往往很困难。如果这些还不足以自卫，仙人掌还有另外一种防卫手段，它们的刺是生在一簇细毛中的，这些毛看似无害，实际上很容易脱落。一旦进入皮肤，会造成持续数天的刺激。

刺给予动物一种即时的警告，使它们立即远离。但是棘常常有反效果，因为棘是弯曲的，它们常常会钩住动物的皮毛，使动物很难逃逸。当动物挣扎着逃脱时，就领受了一次痛苦的教训。运气好的话，这种记忆让这个动物一生都不会再来碰它第二次。

化学武器

如果一种动物确实突破了植物的外部防线，那么植物就可能动用那些会让侵犯者感到不快的存货——许多植物都会使用化学武器使自己避免沦为动物的口中之食。比如，有一种普通的园林灌木叫作"桂樱"，可以在其叶子中产生氰化物，通常情况下，这种叶子是无害的，因为它们只是含有制造氰化物的成分，而不是这种毒药本身。但是如果动物开始食用它的叶子，氰化物就会开始合成了——它那恶心的香甜气味警告着动物：食用它的叶子就是在自找死路。

大部分植物毒素要在吞咽或者吸入后才会生效，但是也有一些植物即使是皮毛接触也有危险。毒葛就是最著名的，它会产生一种有毒树脂，能粘在衣服和鞋子上。即使是数月之后，它的毒害效果仍然会残留。

→ 对于植物而言，动物既可以是盟友，也可以是敌人。这些南美蚂蚁生活在号角树内部，为了报答号角树提供的居所，这些蚂蚁会进攻一切食用号角树树叶的生物。

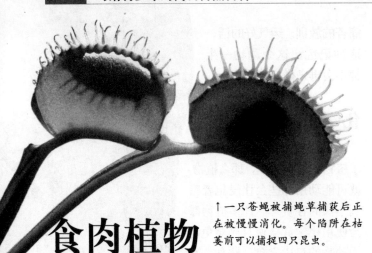

食肉植物

↑一只苍蝇被捕蝇草捕获后正在被慢慢消化。每个陷阱在枯萎前可以捕捉四只昆虫。

对于一只不留神的苍蝇而言，捕蝇草似乎像是一个合适的停靠位置，但这是一个致命的错误，因为捕蝇草是食肉的，苍蝇就是它的食物。

植物利用阳光生长，但是它们也需要一些简单营养物质，就像人类需要盐和其他矿物质一样。大多数植物都是从土壤中获取这些物质的，但是食肉植物是通过捕捉并消化动物获得的。进化使它们有着复杂的陷阱和独特的诱饵，大多数都以昆虫为目标。

捕蝇草只有足踝高低，却是世界上最奇怪的植物之一，它的每一片叶子都分为两片平坦的裂片，边上布满了卷须。裂片在合叶处连接，在正常情况下，它们是张开到最大的，为路过的苍蝇提供了一个降落平台。这个平台有着特殊的吸引力，它会分泌出含糖的蜜汁，昆虫可以将其作为食物。但是，一旦一只苍蝇飞落并享用这些蜜的话，就会触动特殊的绒毛，捕蝇草陷阱就开始运作。在半秒钟内，裂片就会迅速关闭，长卷须就将苍蝇锁在内部了。不管如何挣扎，它注定难逃一死，在 1 个小时之后，苍蝇就会死去。一旦捕蝇草成功捕获猎物后，其消化酶就开始工作，它们会分解苍蝇的身体，使植株可以吸收其身体所含的各种营养成分。几天之后，残渣就被排出，陷阱又会准备好下一次的捕猎。

紧紧粘住

捕蝇草是非常敏感

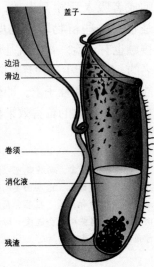

盖子

边沿
滑边

卷须

消化液

残渣

←猪笼草叶子的底部有陷阱，每个陷阱都有一个盖子和一个漏斗。消化液池中通常会有猎物的残渣。

的，他们可以分辨出美味可口的昆虫和偶然掉落在陷阱里的、不适于食用的物体。

不过世界上大部分的食肉植物的捕猎方式都是不同的，有些诱惑昆虫后，将其粘住使其难以脱身。这些植物中最常见的就是茅膏菜，世界各地，特别是山地和沼泽地区都有它们的分布。茅膏菜的叶子表面覆盖着一层黏稠的绒毛，上面有类似液体的胶。如果一只昆虫在茅膏菜叶子上着陆，那么这些绒毛就会将昆虫折叠起来，昆虫就无法逃脱了。

↑世界上的茅膏菜有100多种，占了所有食肉植物的1/4。图中这种生长在泥炭沼中的茅膏菜刚抓住了一只豆娘蜓。

溺死猎物

昆虫经常被芳香的"饮料"吸引，有时它们就会掉在这些饮料中淹死。猪笼草就是用这招来捕获猎物的。猪笼草的种类有很多，分布地也比较广，从沼泽地到热带森林都有它们的身影。尽管它们属于不同的科，它们"陷阱"的工作原理却大同小异：每棵猪笼草都像一个花瓶，有一个滑滑的边，散发着腐臭气味，如果昆虫顺着气味进入，它就会滑倒并跌到"瓶底"。猪笼草的底部有一个消化液池，昆虫就在那里变为它的大餐。有些猪笼草只有几厘米高，它们的"陷阱"就在地表。世界上最大的猪笼草种类分布在东南亚和澳大利亚，可以长达6米，沿着树木或灌木向上生长，其中最稀有的一种叫作拉贾猪笼草，生长在西北婆罗洲的雨林中，它的猪笼可以装下1升液体，如此大的陷阱据说甚至装下过老鼠并将其淹死。

死胡同

大多数猪笼草的都有类似于一把伞的片，可以阻止雨水进入。但一种分布在美国加利福尼亚州和俄勒冈州的眼镜蛇百合却是以伸出的"舌头"为覆盖的。这种舌头上可以分泌出蜜汁，以吸引觅食的苍蝇。当苍蝇停靠后，它沿着舌头就进入了陷阱之中，在这里有许多很小的窗口，苍蝇对着窗口，却无法飞出去，当它精疲力竭时，就会掉落到底下的致命液体中。

水下猎人

捕蝇草的反应相当之快，但是还有反应更快的猎手将它们的陷阱设在池塘和湖泊中，这些植物被叫作狸藻，它们以水中的蠕虫、水跳蚤之类的微小动物为食。狸藻在水面上漂浮，除了向上的茎之外，它们还有十分类似根的水下茎。这些在水下的茎负责装置这种植物的打猎设备，每个都带着多个看起来像小气球一般的陷阱。每个陷阱都有一个小型的活板门，在正常情况下是紧闭着的。在准备制造陷阱时，这种植物会排出一些水，这样植株内部的压力就会比外面的低。如果小动物游近陷阱的话，它就会碰到门上的一组刚毛，门就会立即打开，涌入的水就会将小动物也带入，门就再次合上。当猎物被消化之后，陷阱就会再度备战，等着下一次捕猎行动。

附生植物和寄生植物

大部分植物都是依靠自己存活下来的，不过也有一些植物利用了它们的邻居。这些植物包括了无害的"乘客"和一些有害或者致命的"寄生虫"。

在植物世界中，光是生存下去的关键因素。单株植物会尽其所能吸收阳光，但竞争会很激烈——特别是周围有许多树木时。一些被称为附生植物的植物就进化出一种方法来应对这一问题——它们会爬上其他的植物以获取光照。寄生植物则更加残忍，它们会攻击它们的主人，窃取它们的水和食物。

↑和大部分附生植物不同，气生植物在气候干燥的地方也可以生存，这棵植物就在电话线上成功地安家落户了。

养分。

附生植物

附生植物是离地生活方面的专家，它们中的大部分都生长在其他树木上，那里提供了坚固的树干，可以供它们安全地生长很多年。在北美洲和欧洲等温带地区，最常见的附生植物就是苔藓和蕨类植物。在热带地区，树干和树枝上经常也可以看到有花植

↑世界上大约有2万种兰花，其中一半以上是生长在其他植物之上的附生植物。这棵澳大利亚昆士兰的国王兰花就长在一个树干上。

物的覆盖。这些高高在上的开花植物包括世界上最美丽的一些兰花和一些带刺的凤梨科植物，它们可以长到超市手推车那般大小，并超过一个成年人的重量。

尽管存在许多差异，附生植物在它们独特的生活方式方面还是有着许多有趣的相似之处——它们依靠特别的根或者茎悬吊在树上，当下雨时也可以吸收水分，还可以从大气尘埃或者掉落在它们身上的枯叶中吸取

寄生植物

附生植物对于寄主并不产生任何伤害，但过多的附生植物有时候会压断树枝。

寄生植物是不同的，它们以牺牲寄主为代价而生存。这些鬼鬼祟祟的生活方式也有程度上的不同：有些只是从它们的寄主那里窃取一些养分；有

些直接长在寄主身上；还有一些则干脆躲在寄主的体内。

澳大利亚圣诞树就是寄生植物抢劫其寄主的一个典型例子——它的根会侵入附近的植物，以吸取它们的水分和树液。它最常见的入侵对象是草，不过它也会侵入任何类似根的物体，包括地下电缆。

↓大王花没有根和叶子，却有巨大的花。它们的种子是由包括大象在内的大型森林动物传播的。

由于根部被隐藏了起来，人们很难确认在地下窃取养分的寄生植物。地面上的寄生植物比较容易

发现，最常见到一种寄生植物叫作菟丝子，世界上许多地方都有它的分布，它那绝缘管似的茎可以覆盖寄主植物，通过小型的吸盘窃取寄主茎中的水分和营养物质。菟丝子从地上生长出之后不久它的根就会枯萎。它可以从一个寄主爬到另一个寄主上面，创造出一个绵延数米

↑这棵菟丝子茎旋绕着它的寄主，寻找着可以供其侵入并窃取水分和营养的地方。

的菟丝子网。

植物入侵者

许多人都听说过槲寄生这种寄生植物，它们常常会聚集出现在圣诞节期间。它生长在树上，通过生长含有黏性种子的浆果传播——鸟类食用这种浆果时，种子常常会粘

在它们的喙上，当鸟类在树枝上摩擦以清洁喙时，种子就留下了。北美洲的矮子槲寄生会以一种爆炸性的方式迅速传播，它的浆果在成熟后会迸裂，时速可达100千米的种子便四散开来了。世界上给人印象最为深刻的寄生植物是生在苏门答腊岛森林中的大王花，它会攻击藤类植物，它们的花是世界上最大的。不过这些我们见到过的只是部分，因为许多寄生植物都隐藏在不幸的寄主植物内部。

↑这棵老白杨树受到了许多槲寄生的攻击。那么多寄生植物窃取其营养，使得树木很难生长了。

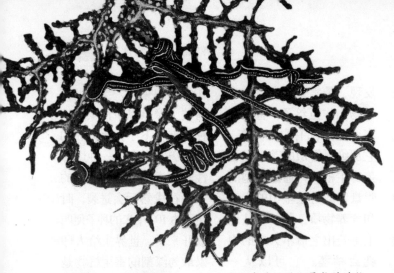

动　物

↑ 纽虫是世界上最长的动物。有记录的最长的一条从其头部到尾部长达 55 米，是最大的蓝鲸体长的 1.5 倍。

世界上到处都是动物，从热带森林到极地冰区，它们生活在地球上的各个角落。迄今为止，科学家们已经确定了大约 200 万种动物，但是还有数百万甚至更多的各种动物有待我们去发现。

世界上没有典型动物一说，因为动物的种类是如此丰富多彩：有些软如冻胶，几乎不像是动物；还有许多则有着复杂的身体结构和坚硬的骨骼，有着敏锐的感觉和牙齿、爪或刺等武器。

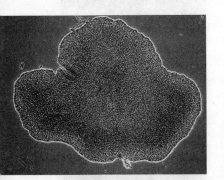

↑ 1883 年，一位目光敏锐的科学家在一个水族馆中发现了扁盘动物。它们不是世界上最小的动物，却是结构最简单的动物。它们没有亲族。

动物特征

世界上结构最简单的动物是肉眼勉强可以看到的扁盘动物，它们的形状像缩小的薄烤饼，它们薄如蝉翼的身体只有 2 毫米厚。扁盘动物生活在水中，它们没有眼睛、鳍、甚至嘴。扁盘动物穿行于岩石和沙粒之间，它们通过完结自己的生命、自我分裂来繁殖。

15000 只扁盘动物首尾相连，完全展开的长度刚好是一头蓝鲸的长度。蓝鲸这种海洋中的哺乳动物是现存最大的动物，体重可达 190 吨。尽管存在体型上的巨大差别，扁盘动物和鲸还是有一些共同点：和一切动物一样，它们的身体都是由许多细胞组成的，都必须进食而且都能移动。

细胞和骨骼

扁盘动物只有几百个细胞，而大多数动物，包括人类在内都由几百万甚至是几十亿个细胞组成。在动物体内，细胞被分成不同的类型，每一种都有自己独特的功能，有些负责保护动物的身体抵御外来的进攻，有些帮助动物消化吸收食物。大多数动物还有神经细胞，可以保证它们身体的协调。肌细胞使动物可以运动。感觉器官属于神经系统的一部分，它们能让动物不断跟踪周边环境的变化，帮助它们脱离险境或者发现食物。

和植物细胞不同，动

物细胞柔软而灵活，因为它们没有细胞壁。不过有些动物细胞会合成一种坚固的物质来保护自己，这些物质包括白垩矿物质——贝壳和骨骼的材料，还有甲壳质——用于昆虫身体。甲壳质看起来和摸起来都像塑料，它坚硬、防水而其极轻。

↑哺乳动物支配着陆地，不过它们只占地球上所有动物种类的3%还不到。这些大羚羊是干旱地区的住户，它们可以从食物中获取水分。

食物和进食

不管如何生活，在哪里生活，所有的动物都需要食物，食物提供了能量和它们生长所需的各种物质。大部分动物以植物或者其他动物为食。也有一些的饮食习惯比较独特——食用排泄物和死体动物，比如，红缘皮蠹就以在光照下干透的动物尸体为食。这些食腐动物对于自然界而言十分重要，不过对于博物馆中保存的标本而言，它们就是大敌了。

因为动物并不需要阳光生存，它们的分布地域就比植物要广，许多动物生活在土壤、洞穴或者海底深处等这些黑暗的地方。大量动物都是夜行动物，那样可以减少被发现和受到攻击的概率。

运动中的动物

和其他生物相比，动物是运动专家。它们可以奔跑、爬行、掘洞或者游泳，有些还可以飞或者滑翔。鲸、鸟和蝴蝶每年运动的里程可以达几千千米，即使是很慢的运动者，比如蜗牛，在其一生中也走过了很长一段里程。有些动物耐力很强，可以连续几天都在运动

← 敏锐的视力和锋利的爪子使得雀鹰成为当之无愧的高效猎手。这只雀鹰正在食用被其捕获的一只鸟。

之中，比如，3～4岁之前的褐雨燕可以通过在飞行中进食和睡眠而保持不间断地飞行。在地面上，许多食肉动物的运动都是短途的，因为它们依靠速度和出其不意捕获猎物。

动物并不是唯一可以运动的生物，许多微生物也能运动。但动物是目前自然界中最大和最快的旅行者。当然，动物界也有许多生物终其一生都固定在一个地方，这些动物包括珊瑚、藤壶和巨蛤——由于它们生活在水中，只能在那等待食物漂近并食用而生存下去。

形状和骨骼

世界上所有的动物都需要保持它们自己的形状。它们中有些像果冻一样柔软，不过绝大部分都有坚固的骨架，可以支撑起它们的身体。

地球上最简单的动物都是软体的，它们大部分都生活在海洋中，水可以使它们浮起来。在陆地上，作为软体动物就比较困难了，因为重力会使得柔软的物体塌陷下来。这就是为什么大多数动物有坚硬的骨骼的原因。这些骨骼可以将它们的身体撑起来，这样它们就可以以一定的形状出现，并且可以来回运动。骨骼还让一些动物更难以被攻击。

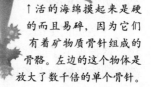

↑活的海绵摸起来是硬的而且易碎，因为它们有着矿物质骨针组成的骨骼。左边的这个物体是放大了数千倍的单个骨针。

压力下的动物

软体动物并不罕见，它们包括许多海滨动物，比如海葵和水母以及陆上常见的蚯蚓。蚯蚓没有坚硬的身体部分，但在土壤中穿梭却一点都不困难。如果被抓起来，蚯蚓可以以惊人的力量挤过人的手指。这些软体动物是如何做到这些的呢？答案就是蚯蚓的身体是由许多间隔组成的，就像一个轮胎，每一个都处于压力之下，这种压力来自于一种液体，这种液体向蚯蚓的皮肤方向施加压力，以保持其形状。当蚯

蚓需要移动时，它就使间隔伸展和收缩。通常，这样就可以使自己向前移动了，同时它们也能轻易地反向运动。

多孔的骨骼

动物骨骼在进化时，出现了不同的骨骼种类，其中最特殊的一种是海绵。这些原始动物没有头或者大脑，不过它们都有由硅石微粒和其他矿物质组成的内部支架。这些微粒被称为骨针。有些骨针是直的，有的像吊钩，甚至是星星的形状。单个海绵是由几百万的骨针组成的，它们之间通常是由纤维连接。擦身海绵完全是

← 扁虫（左）和海葵（右下）的身体都是软的。和许多其他软体动物一样，它们也能移动，不过速度很慢。扁虫在水中慢慢滑行，海葵则在岩石上缓慢爬行。

骨骼，没有海绵的活体细胞。在出售前，海绵需要清洗，因为其内部通常会有沙子和其他小动物。

在"箱子"中生活

与海绵不同，世界上最成功的动物都是处在活动中的，这些动物叫作节肢动物，包括一系列有不可思议的跳跃、爬行、奔跑、游泳和飞行技巧的动物。最常见的节肢动物是昆虫，这个巨大的组别也有其他种类的生物，比如蜘蛛、蝎子、甲壳动物、蜈蚣和千足虫等。

节肢动物种类繁多，不过它们都有一个共同特点：像箱子一样运作的骨骼。这种"箱子"是由不同的板块以灵活的接头连接起来的，它包裹住动物的全部身体，脚是管状的"板材"，眼睛是透明材料包裹的。"箱子"使得动物可以保持一个良好的形状，并避免其因身体干枯而死。由于它是活动的，所以主人可以运动自如。

节肢动物的"箱子"外套几乎和节肢动物本身种类一样繁多：对于蟹和龙虾，外套就像一套甲胄，保护它们免受攻击；蝎子也有硬壳，不过由于它们栖息在陆地上，它们的外套结合了轻和结实两大优点；蚊子的外套是超薄型的，因为它们一生中的大部分时间都处于飞行状态。

壳和骨

节肢动物的外套是大自然最成功的发明之一，不过也有两个严重的问题：首先，如果它们过大，就会很重，动物行动会变笨拙。这就是为什么世界上大多数的节肢动物都只有几厘米长；第二是"外套"不能生长，不得不经常丢弃或者蜕皮，并长出新的替代物。

壳就没有这些不利因素，因为壳可以和身体一起生长。壳能很好地保护动物的内部脏器，不过对于移动没有多少帮助。不过，也有一种既可以移动又可以生长的骨骼，那就是类似我们人类的骨骼。

灵活的骨架

脊椎动物是唯一拥有可生长骨骼的动物，包括鱼类、两栖动物、爬行动物和鸟类，还有包括人类在内的哺乳动物。和"外套"身体不同的是，脊椎动物的骨骼是在体内的。它们由灵活性关节头连接，可以活动，但同时又非常结实。

骨骼中包含活体细胞，它们会和身体的其他部分同步生长，这就意味着脊椎动物不需要蜕皮。更好的是这种骨骼不会因为过大而不能移动。这就是为什么陆地、海洋和空中的大型动物都是脊椎动物的原因。

↓长臂猿的骨骼包含 200 多块分离的骨骼，它们的连接部分相当灵活。长臂猿可以在树枝间来回摇晃，跑得跟人一样快，还能从一棵树跳至 10 米开外的另一棵树上。

呼　吸

当鲸深潜之后来到海面时，它的第一要务就是呼吸。平均而言，我们一分钟呼吸 15 次，但许多鲸可以屏住呼吸长达 1 小时。

因为动物的身体需要吸进氧气、释放出二氧化碳，所以它们要呼吸。有些小动物，比如扁虫只是简单地让这些气体通过它们的皮肤来进行呼吸。不过大多数动物则需要更多的氧气，尤其是在活动的时候。它们通过呼吸器官的帮助获得氧气，这些器官包括鳃和肺。这些器官都有着丰富的血液供给，血液流过这些器官从而获得氧气并将其传输至身体需要的部位。

↑和许多淡水昆虫一样，龙虱必须浮到水面来呼吸空气。这种甲虫会将空气存储在它们翅膀之下，所以它们必须努力游泳才能下潜。

水下呼吸

↑在潜水之后，这头驼背鲸大呼一口带油味的气。大多数鲸都有一双通气孔，不过抹香鲸只有一个，在它们鼻部的左边。

水中含有许多溶解氧，特别是当水温较低的时候，其中的氧含量就更高。哺乳动物不能吸收这种氧气，连专业的"游泳者"如海豹和鲸也不例外。鱼类则一直在呼吸这种氧气，因为它们有鳃。

鳃是片状或者丝状组织的集合体，周围充满了水，它们的表面积比较大，也非常薄，所以氧气可以非常方便地流入，二氧化碳则同时流出。大多数鱼鳃隐藏在鱼类头部以下的凹室内，当鱼游泳时，水流穿过鱼嘴，通过鱼鳃，再经过缝隙或者孔洞流出体外。鱼游得越快，鱼鳃获得的氧气就越多。当鱼静止时，它们通常会大口"吞咽"水以保持氧气供应。少数鱼类，比如弹涂鱼可以在空气中存活。不过大多数鱼类，一旦

上陆则必死无疑——它们的鱼鳃会黏结在一起，从而使它们不能获得所需的氧气。

呼吸管

并不是只有鱼类才有鳃，蝌蚪也有，龙虾、蟹和蛤以及有些游泳或

→ 这些幼体蝾螈通过一组羽状鳃呼吸。当它们成熟时，这些鳃会慢慢消失，它们就转而通过肺和皮肤呼吸。

者潜水的昆虫也有鳃。不过昆虫本来是陆上动物，这就说明了为什么大多数昆虫都必须浮上水面才可以呼吸空气。

昆虫体内获得氧气的系统十分特别，它们并没有肺，而只有一组称为"气管"的呼吸管。这些管子通向昆虫身体侧面的外孔，称之为"呼吸孔"。在昆虫体内，每根气管被分为数千根微型分管，可以为每个细胞提供氧气。小型昆虫让氧气直接流过它们的气管。稍大一些的昆虫，比如蝗虫，就会运用它们的肌肉来帮助氧气进入。当昆虫蜕皮时，它们必须将所有的呼吸管层也蜕下。当皮彻底脱落后，就像一只被丢弃的短袜一样。

呼吸一口气

昆虫个头较小，所以气管十分适合它们。不过有着脊椎的动物，除了鱼类，都是通过肺来呼吸的。和鳃不同，肺是中空的，它们隐藏在体内。肺中包

↑这张图片显示的是放大了几百倍的毛虫的一个单个呼吸孔。通常呼吸孔分布在昆虫身体的两侧，成排分布。

含有数百万个小型气室，可以使空气中的稀氧气很方便地流入血液中。的肺比豌豆还小，而鲸的肺通常比一辆小轿车还要大。尽管大小上差别巨大，它们的工作原理却大同小异：哺乳动物呼吸时，肌肉使胸腔扩张，带动肺张开，接受从外部进入的空气；呼气时，动物就放松胸肌，随着胸肌的收缩，肺也变小，将空气压出。如果动物十分活跃，它们的胸肌也会加强工作强度，呼入的空气可以是正常情况下的5倍，同时排出的空气也大大增加。

在高处呼吸

海象在潜水2小时后，只需要浮到水面呼吸5分钟。不过收集氧气的专家是鸟，鸟的肺和中空的肺泡相连，直接通向它们的骨骼。空气通过鸟肺这一单行道可以使鸟类收集尽可能多的氧气。鸟类需要效率很高的肺，因为飞行需要大量能量，是它们在停在树枝上时候需要能量的10倍。高效率的肺也使它们可以在氧气稀薄的高空飞行。有些鸟可以飞到1万米的高空——人类在这个高度是难以呼吸的。

↑由于有着格外高效的肺，黄嘴山鸦可以生活在海拔6000米的喜马拉雅山脉中。

动物如何运动

对于大多数动物而言，运动对于生存是至关重要的。有些运动速度极慢，它们需要1个小时才能穿过十几厘米的长度，而最快的速度可以超过一辆加速行驶的汽车。

并非只有动物才会运动，但是在耐力和速度方面，他们绝对是无可匹敌的。有些鸟在一天内可以飞行超过1000千米，灰鲸在其一生中游过的距离是地球和月球之间距离的2倍。动物通过肌肉运动，大脑和神经则控制肌肉。

游　泳

地球上3/4的地方都覆盖着水，所以游泳是一种很重要的运动方式。最小的游泳者是浮游动物，它们生活在海洋的表面，有些只是简单地随水漂流，不过多数都是通过羽毛状的腿或者细小的毛像桨一样滑行。浮游动物在逆水的情况下很难前进，许多浮游动物每天会下潜到海洋深处，从而避开掠食的鱼类。

↑蛇怪蜥蜴在危急的情况下可以在湖面和河流表面上行走。它在走了几米之后，才会游走。

快行者

在水中，大部分"游泳者"都利用鳍来游。游得最快的是旗鱼，它们的速度可以达到每小时100千米。它们充满肌肉的身体是流线型的，它的动力来源是刚劲的刀形尾鳍，通过这个尾鳍在大海中遨游。与旗鱼相比，鲸的速度要慢得多——灰鲸一年的旅程超过12000千米，但是它的平均速度却比一个步行的人快不了多少。海豚和鼠海

→多数鱼类是通过摆动尾部游泳，利用其他部分的鳍控制方向。不过鲨鱼就不同了，它们的游泳方式完全是依靠左右扭动身体。

豚也游得很快，它们的速度可以达到每小时55千米。

利用鳍和鳍状肢并不是快速游泳的唯一方式。章鱼通过吸水，再利用墨斗向后喷出脱离险境——相反方向的逃逸动力就来自于这种水下喷流推进力。

陆上运动

水中的一些运动方式在陆地上也是同样有效的，比如陆地蜗牛的运动方式就和它们水中的亲戚相同，都是通过单个吸盘状的足爬行的。

为了保证它的足能够吸住，蜗牛在行进过程中会分泌出许多黏液，这样它就可以在各种物体表面爬行，也可以倒着爬行。不过这种方式的速度并不是很快，蜗牛的最快速度大约为每小时8米。

腿

腿是原先生活在水中的动物为适应陆地上的生活逐渐进化而形成的。现在，陆地上有两种大相径庭的有腿动物：第一种是脊椎动物，这种动物有脊椎骨，就如同我们人类一般；第二种就是节肢动物，包括昆虫、蜘蛛和它们的亲戚。

脊椎动物的腿从来没有超过过4条，节肢动物有6～8条腿，有些则更多。腿的数量最多的是千足虫，

它们有750条腿。另一种极端情况就是有些脊椎动物正在逐步失去它们的腿，而由身体的其他部分代替。有一种稀有的爬行动物只有两条腿，而世界上所有的蛇都根本没有腿。

迅速移动者

节肢动物体型较小，所以它们的运动速度并不会非常快，其中运动速度

↑一些沙漠蛇，包括图中非洲的蝰蛇都是侧向运动的。这些蛇并不滑行，而是在沙子上移动身体，侧向前行。

最快的是蟑螂，每小时可达5千米。而且因为它们都很轻，所以可以展示一些非同寻常的绝技——它们几乎都可以倒着跑，而且可以跳到它们体长数倍的高度。它们还有立刻启动或者停止的本领，这就是为什么人们觉得这些虫子都很警觉的原因。

比较起来，脊椎动物的启动速度较慢，不过它们的运动速度则快得多，比如红袋鼠的奔跑速度可达每小时50千米。世界上最快的陆地动物猎豹的速度是这个的2倍，不过这个速度每次持续时间不超过30秒。

↓尽管兔子的速度很快，但是它还是敌不过猎豹。猎豹的速度太快，以至于不能扑住猎物。它们通常用前爪打击猎物。

↓草鸮以小型啮齿类动物为食。它们是慢速飞行专家。在捕食时，它们的飞行速度每小时约为10千米，跟人类慢跑速度差不多。这张图中，草鸮正张开它的利爪，准备对猎物进行突然袭击。

滑翔和飞行

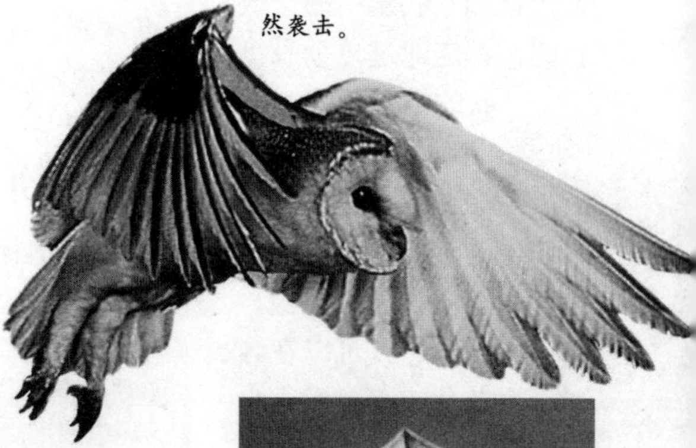

动物开始飞行始于3.5亿年前。今天，空中充满了各种滑翔和飞行的动物。有些体型大且强壮，还有一些则几乎用肉眼看不见。

许多动物都会滑翔，只有昆虫、鸟类和蝙蝠才能真正飞行，它们用肌肉张开翅膀、起飞和降落。昆虫的数量比其他飞行者多几百万倍，它们的小体型使得其在空中可以自如飞行。蝙蝠可以飞得很快而且很远，不过鸟类才是动物世界中最好的飞行员，有些鸟类飞行的里程从数字上说都可以环绕地球了。

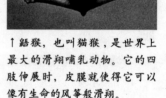

↑鼯猴，也叫猫猴，是世界上最大的滑翔哺乳动物。它的四肢伸展时，皮膜就使得它可以像有生命的风筝般滑翔。

大型滑翔者

滑翔动物包括一系列特别的种类，有啮齿动物、有袋动物甚至是蛇、蛙和鱼类。有些只能滑翔几米就着陆，也有一些专家型"滑手"，比如飞鱼，可以在空中滑行300米以上。

←草蛉拍打它那精致的翅膀使自己能够飞起来。这张慢速的序列图显示的是草蛉起飞时两对翅膀同时运动的情形。

它们许多都利用滑翔作为紧急状况下的逃生方式。而对于某些动物，比如鼯猴，滑翔是它们的运动方式，即使是怀孕的母猴也是如此。

滑翔动物并没有真正的翅膀，它们的身体上有扁平部分，可以使它们在空中滑翔：飞鱼有1～2对特别大的鳍；飞蛙则用它们拉长的如降

↑飞鱼通过滑翔逃避追捕。它们的鳍就像翅膀一样，有些种类的飞鱼还会利用它们的尾鳍，作为一个外置马达，帮助它们飞入空中。

翅膀 30 下，家蝇则要达到 200 下或者以上。苍蝇只有一对翅膀，而大多数昆虫都有两对。蝴蝶和蛾的前后翅膀是同方向拍打的。蜻蜓则是以相反方向拍打的，这就是蜻蜓可以盘旋在空中，甚至是反向飞行的原因。

大多数昆虫并不能飞很远，许多体形很小的昆虫十分容易被风吹走。不

落伞般运作的腿滑翔；滑翔哺乳动物使用的是它们腿之间伸展的弹力性皮肤和尾巴——在平时，这些皮肤是折叠起来的。

空中的昆虫

　　和滑翔动物不同，飞行昆虫将大量的肌肉力量用于如何在空中支撑自己。蜻蜓一秒钟内拍打

过，在昆虫世界中确实有一些长途飞行者。在北美洲，帝王蝴蝶通常要飞行 3000 千米到目的地繁殖。在欧洲，有一种"灰斑黄蝴蝶"，通常在夏季穿越北极圈，以寻找一个能够产卵的地点。

带羽飞行者

　　蝙蝠的飞行速度可达每小时 40 千米，不过与某些鸟类相比，这种速度还是比较慢的：大雁在水平飞行时，时速可超过 90 千米；游隼在飞速下降捕猎时的速度可以达到每小时 200 千米。从飞机上可以看到，在超过 11000 米的高空还可以发现秃鹫，而且它们还可能飞得更高。鸟类能创造这些记录是因为它们的骨骼是中空的，而且肺的工作效率极高。

　　然而它们的羽毛是更重要的因素：鸟类的羽毛给予了它们流线型的身体，使它们能在空中高速穿行。

　　北极燕鸥每年的飞行里程可达 50000 千米，比地球上任何一种动物都要长。乌领燕鸥给人的印象更为深刻，它们可以在空中飞行 5 年，它们史诗般的飞行历程的最终目的地是供其繁殖的一个热带岛屿。

动物的感觉器官

（上）

↑跳蛛有四对眼睛，其中一对特别大，位于正前方，像汽车的前灯。在跳跃前，它先利用这些眼睛判断距离。

动物需要寻找食物，但是它们也需要躲避危险。动物通过使用其感觉器官接触外部世界来实现这个目的。

对人类而言，视觉和听觉是日常生活中最为重要的感觉，它们告诉我们大量关于周围环境的信息，帮助我们锁定正在移动的事物。除了人类之外，很多动物也依赖这两类感觉器官。食肉动物通常使用听觉和视觉来锁定猎物，同时，这些猎物也使用这两种感觉来逃避猎捕。人类的感官或许灵敏，但是很多动物的感官甚至更为灵敏。

朝前看

扁形虫的眼睛构造很简单，只能分辨光明和黑暗。这样的眼睛并不利于定位食物，但是当食肉动物位于其头上方时，造成的阴影至少能警告扁形虫危险的来临。大多数动物眼睛的功能远不止于此，它们可以聚集光线并且形成焦点，因此拥有这类眼睛的动物可以形成关于周边环境的映像。

我们人类的眼睛上有单一晶状体，可以将光线聚集到一层弧形的屏幕上，该屏幕被称为视网膜。所有哺乳动物以及其他脊椎动物都有类似的眼睛。因为我们有两只眼睛，所以是通过稍稍相异的两个视点看到了同一个景象，这使得我们可以判断深度。搜寻和捕食对于很多动物来说非常重要，因此这类动物的眼睛通常都是向前突出的。而食草动物恰恰相反，它们的眼睛通常长在两侧，这样的眼睛可以使它们看到整个周边环境，以便尽早地发现危险的迫近。变色龙的眼睛可以各自自由转动，同时观察不同的方向。

看到细节

眼睛之所以可以有这样的功能，得益于其视网膜上拥有特殊的接收细胞，这些细胞截取光线，将之转化成电子信号并传递到大脑。其中一些接收细胞可以对各种颜色做出响应，而有些则只能识别白色和黑色。视网膜上的接收细胞数量越大，眼睛则可以看得更为细致和清楚。

在人类的眼睛中，每平方米视网膜上含有20万个接收细胞，然而在一些鸟类的眼睛中，该数目是人类的5倍，这使得鸟类的目光非常犀利，可以在高空中轻松锁定很小的动物目标。这些鸟类特别擅长看移动的事物，而看见静止的事物则相对较难。很多其他种类的食肉动物的眼睛也有这一特性，这也正是很多被猎食的动物在被发现时采用"静止不动"的方式来躲避的原因。

复　眼

哺乳动物的眼睛可以与人类的眼睛对视。但是如果要与昆虫"眼对眼"是非常困难的，因为昆虫的眼睛构造完全不同于人类。人类眼睛中只有单一的晶体，而昆虫的眼睛中却有几百个甚至几千个晶体，每只眼睛中都会形成独立的区室，而这些区室组合起来后便形成昆虫看到的事物形象。这类眼睛被称为复眼，在整个昆虫世界中，各种复眼在大小和形状上有着极大的差异。

工蚁的眼睛很小，其中却含有大约 50 个区室，而蜻蜓的每只眼睛中含有的区室数量甚至高达 2.5 万个。蜻蜓的眼睛很大，几乎占满了其整个头部，这种大小的眼睛非常有利

于锁定运动的事物，正是蜻蜓在半空中捕获其他昆虫所必备的"武器"。

私人电话

视觉器官有一个很严重的缺点，即不能在黑暗中运作。正是由于这个原因，很多夜行动物依靠的是听力。听力不能像视力那样获取很多细节性的信息，但其长处在于：即使存在障碍物，听力仍然可以发挥功效。很多动物使用声音进行交流，因为当它们安全隐藏好以后可以呼叫。在热带雨林，蝉可以发出震耳欲聋的叫声，远在 1000 米之外都可以听到，尽管如此，蝉还是不容易被发现。在声谱的另一端，大象通过发出低沉到人类根本无法听到的声音进行交流，这些声音可以传得很远很广，使得各个群体之间可以保持联系。

借助声音捕猎

有些动物是依靠声音来寻找食物的，它们发出高频的噪音，然后根据回声所需时间的长短来判断猎物的远近。如果猎物离得很近，那么声音就回得很快，从而帮助猎食者追踪其食物。这个系统叫作回声定位法，它在蝙蝠世界里得到了最好的发挥。在一个有名的实验中，一只蝙蝠被放置在一个漆黑的房间里，中间用一张透明的渔网隔开，而蝙蝠却顺利穿过了渔网——在穿过渔网的那刻，蝙蝠收起了翅膀。这说明其知道渔网的所在。

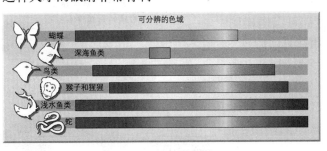

↑
为了躲避捕食，有些蛾类会发出尖锐的声音。这些声音可以干扰蝙蝠的回声信号，从而使其放弃捕食。

← 不同的动物有不同的色觉能力。有些动物可以分辨出多种颜色，而很多深海鱼类则只能分辨出蓝绿色。一些蛇类能够通过身体内特殊的探测器官看到红外线。

可分辨的色域

蝴蝶
深海鱼类
鸟类
猴子和猩猩
浅水鱼类
蛇

动物的感觉器官（下）

没有视觉和听觉，人类在日常生活中就会遇到很多麻烦。然而在自然界中，很多动物除了视觉和听觉外，还依靠各种不同的感觉器官来寻找道路和捕捉食物。

人类有五大主要感觉器官——视觉、听觉、嗅觉、味觉和触觉。此外，我们还有平衡觉，只是常常被忽略而已。人类的触觉很灵敏，但是与很多动物相比，味觉和嗅觉就显得迟钝了。有些动物在行走时依靠的就是嗅觉和触觉，而有些动物则拥有额外的感知功能，可以发现我们根本感知不到的东西。

↑穴居的蟋蟀利用它们长长的触角或者说触须在黑暗中探路。它们的触须对于气流很敏感，如果附近出现敌人，它们能立即感知到。

味觉和嗅觉

当一只蝴蝶停下来时，它就能马上知道足下踩的是什么，而根本不需要伸出舌头来尝一尝。蝴蝶，包括一些其他种类的昆虫之所以有这样的功能，是因为它们的足上有特殊的化学感知器官——这种非同寻常的系统可以使得苍蝇准确地找到食物，也

↑蝴蝶和家蝇都可以用它们的足来辨别味道。这些蝴蝶停在了一堆动物粪便上，正在吸取其中含有的盐分。

使得蝴蝶可以找到合适的植物来产卵。

动物使用味觉来测试它们可以触碰到的东西，但是嗅觉则可以被用在更广的范围上——一只雄性飞蛾可以感知到 5 000 米以外的一只雌性飞蛾。在这么长的距离下，雌蛾的气味已经很淡了——大约只占空气比例的千万亿分之一，即便如此，雄蛾的触角还是能够感知到雌蛾的气味分子。

嗅觉导航

动物之间通过嗅觉来保持联系和寻找食物，哺乳动物特别擅长此道，很多哺乳动物——从狐狸到羚羊——通过气味来圈定自己的领地。这些气味标志是看不见的，但是它们可以持续好几天甚至几个星期，让那些潜在竞争对手知道这块区域是已经被占领了的。总体来说，鸟类的嗅觉不是那么灵敏，

↓雄蛾长有羽状的触角，非常善于收集空气中微小的气味颗粒。雌蛾的触角很小，结构也比雄蛾的简单得多。

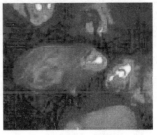

↓→响尾蛇（下）、蟒蛇和巨蟒的眼睛周围都长有热感应器。这使得蛇类在黑暗中能够找到热血的猎物（右）。

上述这些感知能力都是日常生活中必不可少的。

大多数动物都有着自己的电场，因为它们的肌肉和神经中可以产生电流脉冲。象鼻鱼的电场就像雷达系统一样，可用来帮助它在浑浊的泥流中找到正确的方向。有些鲨鱼则利用电场来捕食，它们的嘴和鼻周围有电感应器官，可以帮助它们找到躲在海床泥沙中的鱼。其中最厉害的动物电力专家是亚马逊电鳗，它使用其电场来感知猎物，然后用高达600伏的电流将之杀死。

实验显示，迁徙鸟类可能是运用地球磁场来确定前行的方向，这是帮助它导航的多种感觉系统之一。但是确切地说，科学家们并不知道这个导航系统是怎样运作的，也不知道有多少种动物依靠这个系统来导航。

但是也有例外——美洲秃鹫对腐烂中的肉类非常敏感。

对于陆地动物来说，嗅觉和味觉是两种完全不同的感觉器官，但是对于水生动物来说，这两者是合二为一的。大部分人可以分辨出瓶装水和自来水，但是鱼和海龟可以分辨出水中化学成分的微小区别，在知道这些区别后，它们还同时进行记忆，因此它们可以将之作为像地图上标示的点一样使用。大马哈鱼就是采用这种方法找到穿过海洋的路线，并准确无误地回到原先它们孵卵的河流中。

特殊的感觉能力

我们可以感知电流，但是不能感知电场，也不能感知环绕着整个地球的磁场。但是，对于有些动物而言，

食草动物

↑就食物和身体重量比而言，毛虫的食量比大象要大得多。这些热带毛虫带有长刺，可以保护它们免受鸟类进攻。

食草动物与食肉动物数量比至少是10：1。从最大的陆生哺乳动物到可以舒服地生活在一片叶子上的小幼虫，食草动物多种多样。

植物性食物有两大优势，一方面它们很容易找到，另一方面它们不会逃跑。对于小型动物来说，还有另一个好处——植物是很好的藏身之所。但是食用植物也有其弊端，因为这种食物吃起来比较慢，而且也不容易被消化。

秘密部队

一只大象每天可以吃掉1/3吨的食物，它们常常将树推倒来食用树枝上的叶子。野猪则采用不同的技术——从泥土中挖掘出美味多汁的树根来食用。虽然这些动物的体型

↑这张图显示的是一条毛虫进入了树叶内部。黑色部分是它的排泄物。

都比较大，但是它们并不是世界上最为主要的食草动物。相反，昆虫和其他无脊椎动物的食用量要远远超过它们。

在热带草地上，蚂蚁和白蚁的数量常常超过其他所有食草动物的总数。它们收集种子和叶子，把

它们搬到地下。在树林和森林中，很多昆虫以活的树木为食，而毛虫则直接躺在叶子中啃食。毛虫的胃口很大，如果进入到公园或者植物园的话，可以造成非常严重的虫灾。

哺乳动物、鼻涕虫和蜗牛食用的植物种类范围很广。但是，小型食草动物通常对它们的食物比较挑剔。比如，榛子象鼻虫只是以榛子为食，而赤蛱蝶毛虫只食用荨麻叶。如果这些毛虫遇到的是其他植物，它们会选择饿死。对食物如此挑剔看似奇怪，但对于食草动物而言，有时候这是值得的，因为这样在处理它们的专门食物时效率会额外高。

种子和存储

爬行动物中的植食者比较少，鸟类中则比较多。其中，只有很少部分鸟以树叶为食，更多的是食用

↓蜗牛通过一组微型牙齿咀嚼树叶。它们通常食用薄而软的嫩叶。

花或者果实及种子。

　　蜂雀在花朵中穿梭采集花蜜，有些鹦鹉则用它们刷子般的舌头舔食花粉。食用果实和种子的鸟类更为常见。不像蜂雀和鹦鹉，它们在全世界都有分布。

　　种子是十分理想的食物，它们富含各种营养性

↑和许多其他啮齿类动物一样，袋鼠鼠利用它们的颊袋将种子运回洞穴。

的油类和淀粉。这也是为什么这么多鸟类和啮齿类动物将种子作为食物的原因。在一些干燥的地方，寻找食物比较困难，食用种子的啮齿类动物就格外的多。

　　啮齿类动物和鸟类不同，它们在困难时期可以通过收集食物并在地下存储食物而幸存下去。在中亚，有些种类的沙鼠可以储存60千克种子和根，这些存粮足够它们生活几个月。

↑裸鼹鼠生活在地下，它们以植物的茎和根为食。这些非洲啮齿类动物几乎是瞎子，而且基本不会到地表活动。

食　草

　　种子消化很方便，所以它们也是人类食物的一部分。不过草和其他植物对于动物而言就不是那么容易分解了。因为它们中含有纤维素这种坚硬的物质，人类是消化不了的。不单单是人类，食草的哺乳动物也不能消化，尽管这些是它们食物的主要组成部分。

　　那么，这些动物如何生活下去呢？答案是：它们利用微生物帮助它们完成这项消化工作。这些微生物包括细菌和原生动物，它们拥有特殊的酶，可以将纤维素分解。

　　微生物在哺乳动物的消化系统中安营扎寨，那里温暖湿润的环境为它们提供了一个理想的工作场所。许多食草动物将微生物安排在称为"瘤胃"

的特殊地带，瘤胃工作起来就像一个发酵罐。这些食草动物被称为反刍动物，包括羚羊、牛和鹿。它们都会将经过第一轮消化的食物再次咀嚼，进而吞咽后再消化。这一过程使得微生物更容易分解食物。

全职进食者

　　反刍对于消化而言十分有效，但是会占用很长时间。进食草木也很费时间，因为每一口都要咬下来，彻底咀嚼。因此，食草动物没有太多的休息时间，它们总是忙于采集食物和消化食物。

　　对于植食昆虫而言，情况也大同小异，尽管变为成虫后它们的食性通常会发生变化。毛虫是繁忙的进食者，不过成虫的蝴蝶或者蛾的大多数时间都用于寻找配偶和产卵，它们会在花丛中穿梭，但很多根本不食用任何东西。飞蝼蛄做得更绝，它们的成虫压根就没有活动的嘴。

更多资源获取 扫码

食肉动物

↑在阿拉斯加，棕熊涉到河流中捕食洄游的大马哈鱼。它们的这场高蛋白盛宴可以一直持续几个星期。

当一只食肉动物向其猎物靠近时，不由得会让人产生一种紧张感。但是食肉动物是自然界的重要组成部分，连人类有时也是食肉动物。

运动速度很快的动物。但是很多食肉动物并不是如此，比如海星，它的运动

↓一条食鼠蛇正张开血盆大口吞下一只鸟。蛇类总能将猎物整个吞下，因此它们需要有强效的消化液来将食物分解掉。

与食草动物相比，食肉动物总有失算的时候，因为猎物可能会逃跑。作为补偿，自然界使得肉具有很高的营养价值。为了成功捕获猎物，食肉动物通常都有敏锐的感官和快

↑冠棘海星以活珊瑚为生，它爬到珊瑚礁上，吃掉珊瑚虫的柔软部分。

速的反应能力。它们通过特殊的武器比如有毒刺、有力的爪子或者锋利的牙齿来制伏猎物。

慢动作的捕猎者

当人类提到食肉动物时总会最先想到像猎豹那样的

← 一只非洲鱼鹰在水面上捕获了猎物。在其回到栖枝上后，便会将鱼整条吞下。

速度比蜗牛还慢，但是它们专门捕食那些不会逃跑的猎物——一般是把猎物的外壳撬开，然后享用里面的美餐。

在水中和陆上，很多食肉动物根本不追捕任何东西，相反，这些猎手只是埋伏着，等待猎物进入自己的抓捕范围。它们常常伪装得很好，有些甚至通过设置陷阱或者诱饵来增加捕获猎物的概率。"埋伏"的猎手有琵琶鱼、螳螂、蜘蛛和很多蛇类等。很多"埋伏"猎手都是冷血动物，即使几天甚至几个星期没有进食，它们也可以存活下来。

狩猎的哺乳动物

鸟类和哺乳动物都是热血动物，因此它们需要很多能量来保持身体正常运作。对于一头棕熊而言，能量来自于各种各样的食物，包括昆虫、鱼，有时也包括其他的熊。棕熊的体重可以达到1000千克，它是陆地上最大的食肉动物。一般情况下，它对人类很谨慎，但是如果真正开始攻击，结果将是致命的。

哺乳动物中的食肉者有着特殊的牙齿来处理它们的食物。靠近它们嘴的前方位置有两颗突出的犬齿，这可以帮助它们把猎物紧紧咬住。一旦将猎物杀死后，它们的食肉齿就开始发挥功用了——这些牙齿长在颚的靠后位置，有着长长的、锋利的边缘，可以像剪刀一样将猎物剪碎。有些食肉哺乳动物，比如狼，还常用食肉齿来将猎物的骨头咬碎，从而吃到里面的骨髓。

空袭

鸟类没有牙齿，它们用爪子捕猎。一旦它们将猎物杀死后，就会将其带到栖枝上或者自己的巢中。有些大型鸟类可以抓起很大重量的猎物——1932年，一只白尾海雕抓走了一个4岁的小女孩。神奇的是，这个小女孩存活了下来。

爪子很适合用来抓住猎物，但是鸟类通常使用其弯曲的喙部来将猎物撕碎。捕食小型动物的鸟类有一套特殊的技术，它们可以将猎物的头先塞进自己喉咙，然后将其整个吞下去。

大规模杀戮者

世界上最高效的捕猎者通常食用比其自身小很多的猎物。在南部海域，鲸通过过滤海水来食用一种被称为磷虾的像明虾一样的甲壳动物。它们的这种捕食方式是所有食肉动物中杀戮量最大的，每次都可以超过1吨以上。灰鲸在海床上挖食贝类，而驼背鲸则通过张起"泡沫网"等待鱼群的到来——这种网可以将鱼群逼入较小的空间，使其更容易捕捉。但是最厉害的捕鱼高手应该是人类，我们每年都要捕得几百万吨的鱼。

↑这条巨型蚯蚓来自澳大利亚，它比很多蛇都要大。幸运的是，这是一种无害的食腐动物，可以帮助提高泥土质量。

↓雄性招潮蟹利用自己较小的那只蟹螯来捡起食物的碎片。一旦它们将食物咀嚼了以后，就会在泥土里留下小球状的遗留物。较大的那只蟹螯不适合用来作为进食的工具，而是在求爱期被用来发出信息的。

食腐动物

　　世界上有几千种动物以寻找动物尸体和各种残余物为食。它们帮助了物质的再循环，使得营养物质得以被重新利用。

　　在动物世界里，食腐是很好的营生方式，因为其他动物能够源源不断地提供尸体，以及粪类、外皮、羽毛和皮毛等。对于我们，这些东西并不具有什么吸引力，但是对于食腐动物而言，这是有营养而可靠的食物来源。虽然没有食腐动物，尸体也会最终被微生物分解掉，但这就需要很长的时间了。

残骸碎片食用者

　　要想观察世界上最成功的食腐动物，我们可以到泥泞的海岸边看看。这是食腐动物最原始的生活之地，因为这里满是动植物残骸碎片——有些碎片来自海洋，有些则是被河流冲刷带来的。结果，在海岸边形成了一层丰富的沉积物，也为小型食腐动物提供了安家的理想场所。

　　很多这类食腐动物都会在沉积层中挖个洞，这样，当饥饿的鸟类到来时，便有个躲藏之处。这些挖洞者包括明虾和蜗牛，以及心形海胆。缨鳃蚕有自己一套与众不同的进食技巧，它们是在漂浮过程中顺道将残骸块收集起来的。在世界上的温暖地区，当潮水退去后，招潮蟹就出现在泥滩上，用钳子拾捡碎片。每次潮水来临时，就会带来很多的碎片，因此对这些蟹来说几乎是不会出现食物短缺的。

泥土中的食腐动物

　　在干燥的陆地上，到处都是食腐动物，它们生活在泥土里，因此常常不为人类所见。这类食腐动物中的大部分都是微生物，但世界上的有些地方，比如南非和澳大利亚，生活着长度超过4米的蚯蚓。蚯蚓是非常有用的动物，因为它们可以帮助翻垦和肥沃泥土。没有它们，泥土将更贫瘠，种植作物将更为困难。

蚯蚓将落叶拖到自己的洞中，而有些昆虫则是将其他东西埋藏在泥土中。埋葬虫为小型哺乳动物和鸟类挖掘"坟墓"，并将自己的卵下在其中，最后将"坟墓"盖上。甲虫的幼虫孵化时，就以其中的尸体为食。蜣螂则是将卵产在动物的粪便颗粒中，然后将之滚到泥土中加以埋葬。

有翅膀的食腐动物

埋葬甲虫专吃小型尸体，而那些大型尸体则吸引着非常与众不同的食腐动物。在非洲，鬣狗很容易就被腐肉的气味所吸引，而在塔斯马尼亚，动物的尸体则吸引着一种被称为"塔斯马尼亚魔鬼"的食腐有袋动物，它有着强劲的啃咬

↑将动物粪便弄成球形后，蜣螂将之滚到一个合适的地方进行埋葬。它们是用自己的足来推动粪球的。

力，可以咬开已经变干的外皮、软骨甚至硬骨。但是在世界的很多地方，最为重要的食腐动物来自空中。

很多鸟类都以动物尸体为食，比如乌鸦和喜鹊常常聚集在被汽车撞死的动物上。鸥则以被冲上海岸的尸体为食，有时也食用人类丢弃的食物。但是在鸟类王国中，秃鹫是真正的食腐专家，它们飞翔在高空中，这使得它们可以观察到大面积内的食物情况。秃鹫也非常注意其他秃鹫的动态，如果有一只飞下去食腐的话，其他秃鹫很快就会跟随而至。

对于一只秃鹫来说，生存的法则就是在短时间内食用大量食物。有时它们吃得太饱了，以至于需要在陆地上等待几个小时才能继续飞翔。

↑很多昆虫都以尸体残骸为食。这只鹿角锹甲的幼虫在变成成虫前，将先以死木头为食生活上好几年。

← 在非洲草原上，这头畜体被一群冲撞抢夺的秃鹫包围着。虽然它们的爪子很弱，但是它们强劲的喙可以帮助它们在腐烂的外皮上撕出口子。

动物的防御能力

像大白鲨这样的超级食肉动物，一旦成年后就再也没有天敌了。但是对于其他动物而言，危险还是会随时来袭的，因此，很好的防御能力就成为生存的关键。

↑啮齿动物常常通过隐入茂密的植物丛中来躲开敌人的视线。这只老鼠在空旷的地方被美洲野猫捕获，它的生存机会很小了。

在动物王国中，食肉动物时刻都在寻找可以下手的猎物。与之相比，猎物们看上去似乎总是处于弱势。实际上，事情并不像看起来那样单方面——猎物已经进化出了各种防御能力。如果没有这些能力，它们根本不能存活下去。这些防御能力并不是百分之百安全的，但是对于每一种处在被捕杀和捕食危险之下的动物来说，常常可以借此战胜敌人并得以逃脱。

快速逃走

当危险逼近时，很多动物的第一反应是设法快速逃脱。一些羚羊可以以每小时 60 千米以上的速度奔跑，而野兔的奔跑速度也可以达到每小时 50 千米以上，对于这种体重只有人类 1/10 的动物来说，是非常了不得的能力了。但是要逃离危险，启动速度常常和速度一样重要，螳螂的最大速度只有每小时 5000 米，但是它们可以以惊人的速度启动。在逃脱危险后，它们常常还改变前进方向，这样就更难抓到它们了。

动作不快的动物通常采用伪装术来将自己混入所处的背景中去，昆虫尤其擅长此道，这对于它们而言是大幸，

因为食肉动物中还包括目光锐利的鸟类。一种动物利用伪装术的时候，通常需要保持一动不动，但是有些昆虫却会稍稍摆动，使得自己看上去就像是在寒风中摇曳的嫩枝，从而更好地躲避敌人的视线。

骗术专家及其骗术

要吓退进攻者，最好的办法之一是拥有危险的武器，比如，大部分食肉动物都不会去碰黄蜂，因为这种昆虫带着危险的刺。

但并不是所有的"黄蜂"都像它们看起来那么危险。有些无害的飞蝇和飞蛾也会模仿这类昆虫，而且模仿得很像，几乎没有食肉动物或者人类可以将之区分出来。飞蛾有着透明的翅膀，有些在飞行时甚至还能发出像黄蜂一

↓当昆虫采用了伪装术后，很少有动物能够赢过它们。这张照片显示的是在秘鲁热带丛林树皮上伪装得很好的 2 只树蚕。

↑这只模仿黄蜂的有透明翅膀的飞蛾与真正的黄蜂有着惊人的相似。虽然它带有黑黄相间的警告色，但事实上它根本没有刺。

样的嗡嗡声。

这种防御术被称为"模仿术"，在昆虫世界中被广为使用。蜘蛛也是模仿高手，有些蜘蛛可以将自己模仿成叮人的蚂

↑这条草蛇张着大嘴，耷拉着舌头，看起来像是已经死去了。草蛇并不带毒，当它们不能逃脱时，通常就采用这种装死的方法。

蚁，它们以蚂蚁的动作在热带丛林的地面上行进。蜘蛛有 8 只脚，而蚂蚁只有 6 只脚，但是鸟类不会数数，因此会受到蜘蛛模仿术的欺骗。

装　死

食腐动物对自己的食物并不挑剔，但是食肉动物则只喜欢捕捉会动的东西。食肉动物对于那些静止不动的动物的兴趣比较小，而如果是已经死了的动物则更不愿理睬，这就给了猎物另一个逃生法宝——装死。如果被猎者有这项技巧，那么猎食者很有可能会离它们而去。

不是很多的动物能装死，但它们中间的确有一些优秀的演员：草蛇躺在地上，张着血盆大口，而一只弗吉尼亚负鼠就倒在它的旁边——负鼠可以保持这种状态长达 6 个小时，不管怎么碰它，它都会保持一动不动。但是，一旦危险过去，这只"死掉"的负鼠就能马上"复活"，然后飞快逃走。

吃不到的美食

另一个躲避危险的方法是使得自己变得不容易吃或者吃起来很危险。这一招被龟类和拥有坚硬外壳的动物所使用。龟在遇到危险时，会将四足和头缩进龟壳，而闭壳龟则可以在缩进去后将外壳完全关闭起来。一些犰狳会把自己胀成球状，而刺豚则在大量地吞入水后，使自己成为一个带刺的球。

上述所有动物都是可

↑这只野猫露出牙齿并且发出咝咝声，试图使自己看起来很危险。如果被逼急了，这种野猫也会向敌人进攻。

以吃的，如果没有这样的防御武器的话，那就小命难保了。有些天生带毒的动物则不需要坚硬的外壳或者刺来保护自己——生活在热带丛林中的小小的箭毒蛙能够产生效力劲的毒素。箭毒蛙中的一个种类虽然还不到 4 厘米长，但每只蛙带有的毒素就足以杀死 1000 个人。

↓遍布尖刺，这条胀圆的刺豚是没有多少动物愿意食用的。一旦其胀圆后，这种鱼基本不能游动了。

合作者和寄生虫

　　与另一个物种进行合作常常是成功生存的不二选择。在动物的很多合作关系中，两个物种是相互获益的。但寄生虫只是取尽所需，却不作任何回报。

　　当蚂蚁碰到蚜虫时，一场特殊的仪式便展开了，蚂蚁并不进攻蚜虫，而是用触须敲打蚜虫，而蚜虫则回报以蜜汁。对于蚜虫来说，有蚂蚁作为护卫，生活安全多了。作为回报，它们也向蚂蚁提供食物。在动物王国里，像这种合作关系很普通。但是，寄生关系则更是随处可见。

平等合作

　　珊瑚礁上的清澈水域中是世界上最令人叹为观止的合作者的所在之处。在这里，鱼儿排起长队，等待被清理。清理者正是颜色鲜亮的小虾，它们在鱼鳃中仔细地捡拾残渣。小虾以死皮和甲壳动物为食，有时还会冒险进入鱼的嘴中。一条鱼被清理干净后，就会自行游开，然后由队伍中的下一条鱼继续接上。

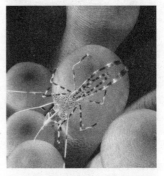

↑大多数种类的小虾都伪装得很好，但是清洁虾却有着亮丽的颜色来吸引它们的客户。鱼儿则记住这些虾的生活之处，定期到此接受它们的清理。

　　动物不会做事先的计划，因此合作者之间并不会像人类那样事先签订什么合作协议。但是，每种动物都会以可以得到合作者回应的方式行事。比如，上面提到的清理者小虾就是通过艳丽的颜色并且占据显著的位置来为自己做广告的。而它们的客户——鱼，则不仅会在接受小虾清理的时候主动保持静止，而且还能在这些"美味"工作的时候抵制住吃掉它们的诱惑。

利 用

小虾并不是唯一靠清理来生存的动物，有些鱼类以及陆地上的黄嘴牛椋鸟也有着同样的生活方式。黄嘴牛椋鸟来自非洲，它们在水牛、犀牛和其他大型哺乳动物身上寻找昆虫和其他害虫食用。但是，除此之外，黄嘴牛椋鸟也通过寄主的伤口吸食它们的血液，在帮助了寄主的同时也伤害了寄主。因此这些合作者并不是表面上看起来那么好。

在单纯的寄生关系中，双方显得就更不公平了，因为寄生虫没有为它的寄主或者合作者做任何事情，相反，它们只是将寄主作为食物的来源，并作为居住地。在动物王国中，寄生关系是非常常见的，其中包括几千种无脊椎动物，比如蠕虫、跳蚤、苍蝇、虱子和扁蚤等。在野外，几乎所有动物都容纳了好几种寄生虫。而人类尽管有了现代的杀虫剂，但仍然不得不忍受这些寄生虫的存在。

寻找寄主

跳蚤生活在动物的身体外部，因此很容易就可以从一个寄主传染到另一个寄主身上。成年跳蚤将卵产在巢中或者被褥中，卵就会被孵化成小小的没有足的幼虫。经过 2 周后，这些幼虫会把自己绑进一个茧中，等待变成成年跳蚤。但是跳蚤的茧并不会因为跳蚤已经成年就立即打开，而是要等待几周甚至几个月后当一个动物或者人经过或者靠近时，因为受到震动而自动弹开，这样，新生的跳蚤便跳到它的寄主身上去了。

扁蚤寻找寄主的方式有所不同——它们爬到树枝或者草叶的末端，耐心等待动物的靠近。一旦感受到了靠近动物身上的热量，它们就会立即爬上这个寄主。像跳蚤一样，扁蚤也会带来疾病，因此如果在满是扁蚤的草丛里行走是很危险的。

体内的寄生虫

生活在动物体内的寄生虫有着更为复杂的生命循环，因为相对而言，它们在寄主间传播比较困

↑这条毛虫周围都是蝗虫幼虫的茧。这些幼虫在毛虫体内生长，在毛虫还活着的时候以其为食。

难。绦虫在两个寄主间交替生活——人和猪。而有些寄生虫一生中甚至有 3 个不同的寄主。但是由于接触到新寄主的概率非常之小，因此这些寄生虫通常会产出大量的卵。绦虫每天都会产出 50 万左右的虫卵，而且一产就是好几年，这使得它们成为地球上最丰产的产卵高手。

动物的繁殖

繁殖需要时间和能量，但这是动物一生中最重要的工作。一些动物可以单独繁殖，但是对于大部分动物而言，繁殖就意味着要找到配偶。

与人类相比，很多动物繁殖的时候年纪还相对很小，旅鼠在2个星期大的时候就可以怀孕，而有些昆虫则成熟得更快，短短8天就可以为父为母。但是成功的繁殖并不是仅仅在于速度，要想繁育后代，还要通过竞争找到配偶。它们在这个生命的重要时刻还需要躲避食肉动物的追捕。

→ 大部分昆虫在雌性产卵前需要进行交配。此处，一只雄性蚱蜢在交配时正用其足将雌蚱蜢紧紧抓住。

↑海葵的两半分别朝不同的方向拖拽，几乎已经要成为两个独立的动物个体了。这种繁殖方式在微生物界中非常普遍，但在动物界中是比较少见的。

单 亲

当海葵完全长成熟后，它们可以通过将自己撕成两半来实现繁殖。这种极端手段是最为简单的繁殖方式，因为只要有单亲就能够实现。但是这只是对于构造简单的动物适用，对于大多数种类包括人类而言，分成两半根本不能起到繁殖作用。

这并不说明单亲繁殖很少见，很多昆虫都能够依靠自己繁殖，只是采用了不同的方法而已。雌性昆虫产出卵，在没有配偶的情况下，这些卵也可以发育成幼体，这被称为单性繁殖，或者"孤雌生殖"。在春季，雌性蚜虫就可以通过这种方法繁殖出一大家子，完全不需要雄性蚜虫的帮忙。

显示差异

在动物世界里，单亲家庭有一个很大的缺点，就是后代都是相同的。它们具有完全相同的基因，也就具有了完全相同的特征，无论好的还是坏的。一般情况下，这也并不是什么问题。但是如果食物不够或者灾难发生的话，这些动物面临着相同的危机，甚至整个家族都会灭亡。

有性繁殖减少了上述危险的发生概率。有了双亲的参与，它们的基因就像是一副牌，可以以不同的组合方式传递到下一代身上。所有的下一代之间都存在着细微的差别，这就使得整个家族中至少会有基因组合比较优良的个体在竞争中存活下来。这种优势解释了有性繁殖广泛性的原因。

交 配

为了进行有性繁殖，雌雄双方必须进行交配，这样雄性的精子才能使雌性的卵子受孕。这可能是项危险的工作，尤其是对于雄性蜘蛛来说——它们

本型通常比配偶要小 10 倍。这些雄性蜘蛛在向雌性蜘蛛示爱时非常小心，通过摆动其前足或者敲打雌性蜘蛛的网来传递信息。发出的信号得到雌蜘蛛的正确理解是非常重要的，否则雄蜘蛛很可能就成为雌蜘蛛的盘中餐。

并不是所有动物都会有这种危险，但是每对伴侣都需要抓住对方。通常，雄性会通过颜色、造型或者动作向雌性示爱。

鸟类和蛙类则通常使用声音传递信息，很多昆虫也是如此。

但是萤火虫是通过自己的光来吸引对方的——每个种类的萤火虫都会有不同的闪烁时间长度，它们传递的信息很简单，就是"我在这儿，我与你属于同一个种类，我可以成为一个很好的伴侣。"

竞争对手

在很多动物中，雌性可以在多个成熟雄性间做出选择，因此，雄性常常要互相竞争，就像展开一场才艺表演。雄鸟有时会通过鸣唱或者炫耀自己的羽毛来进行竞争，但是织巢鸟则是有另一套手段——每只雄鸟都会建起一个精致的鸟窝，只要有一只雌鸟飞过就向其炫耀。如果有雌鸟被雄鸟的巢所打动，就会飞入巢中与之交配，然后产卵。但如果现有的鸟巢不能吸引雌鸟的注意，雄鸟就会将之废弃，在附近重新建一个新的鸟巢。对于雄性织巢鸟而言，这种竞争需要耗费很多精力，但这也避免了竞争对手之间的直接

↑青蛙的喉咙已经胀成了气球状，这是它在向附近的雌蛙发出爱的呼唤。

冲突。对于哺乳动物来说，繁殖季节中不可避免地会有严重的"战斗"——雄鹿用自己的鹿角与对手厮打，雄性海象则是用牙齿撕咬对手。获胜者可以得到很多雌性的交配权，而失败者只好默默地等到下一个年头。

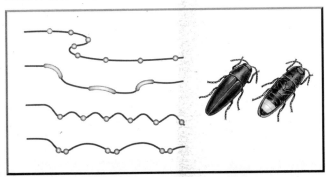

← 雄性萤火虫会用光向等在地上的雌性发出信号。每一种萤火虫都有自己的明暗间隔，随着雄性萤火虫在空中飞过可以留下不同的痕迹。图中是 4 种不同的萤火虫留下的闪烁明暗间隔图。

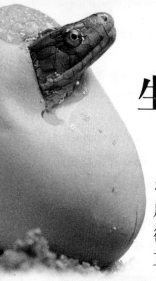

生命的开端

蛇类产卵以后，通常都是将之抛弃掉的，这样，它们的后代需要自己保护自己。但是很多动物都会照顾自己的后代，直至它们能够独立生活为止。

父母亲照顾是人类一生中的重要部分，因为我们需要很长的时间来成长。另一些哺乳动物也照顾它们的子女，保护它们，用奶喂养它们。但是其余的动物，不同的种类间的家族形式是不同的。鸟类通常是会喂养后代的，而科摩多龙却恰恰相反，它是吃同类的，任何小科摩多龙只要靠得太近，就会被它吃掉，毫不讲亲情。

↑捅破蛋壳后，一条绿树眼镜蛇第一次看到了外面的世界。从破壳而出的这一刻起，它将完全依靠自己独立生活。

卵和胚胎

世界上的所有动物包括人类，都是以卵作为生命的开端的。在所有的哺乳动物中，除了鸭嘴兽和针鼹鼠外，卵通常是待在母体中的。在那里，卵发育成胚胎，然后由母亲将幼体产出。而对于鸟类，它们的生命开端是不同于上述的：鸟类产卵，雌鸟坐在卵上孵化出胚胎，幼鸟发育成后破壳而出，这被称为"孵蛋"，它可以使发育中的胚胎保持温暖。下蛋对于鸟类来说是很有意义的，如果它们需要怀着幼鸟飞行的话，那将会是很辛苦的。但是动物界中的另一些类别的动物产出后代的方式就不

↓年幼的鮈鱌互相用牙齿咬着排成一队跟随在母亲身后。鮈鱌的视力很差，图中这些其实是跟在了一个玩具后面。

是那么清楚单一了，比如，巨蟒是产卵而后将之孵化的，但也有很多蛇是将其卵留在体内，直到它们即将孵出，这些蛋一被产下来，小蛇就会破壳而出，看起来好像是直接由母亲生下来的。大部分鱼也是产卵的，但是一些鲨鱼，包括大白鲨，会直接将活的幼体产出。而有些种类的动物，它们后代生命的开始是让人毛骨悚然的，因为在它们出生前，最大的胚胎会将最小的胚胎全部吃掉。

父母的守护

翻车海鱼产卵时每次能产下1亿个卵，卵会在水中漂流开来，其中只有一小部分能够存活几天以上。翻车海鱼并没有试图来保护它们的后代，照顾这么大个家庭几乎是不可能完成的任务。

像翻车海鱼这类动物，它们把所有的精力都放到尽可能地产出最大量卵上了。而相反的，后代数量较少的动物则会努力地照看

它们的卵和后代。雄性海马会收集起雌海马产下的卵，把它们放到育儿袋中，而口育鱼则是将卵含在嘴中孵化。信天翁会在自己的卵上坐上 10 个星期。而章鱼则更具奉献精神，它们会照看自己的卵达几个月之久，为它们提供清洁和保卫。在这段时间里，章鱼什么都不吃，当卵孵化出来后，它便死去了。

家庭生活

对于一些动物，一旦卵孵化出来后，生活就变得忙碌起来了。幼蛇和幼蜥蜴会自己找到食物，但是刚孵化出来的鸟常常要靠它们的父母供应食物。成年的蓝冠山雀需要照顾 12 只雏鸟，这些雏鸟刚刚孵化出来的时候眼睛是瞎的，非常无助。它们需要几乎 3 周的时间才能为飞翔作准备。在此之前，父母需要每天往返 1000 多次为它们寻找食物。

幼鸟是非常脆弱的，因此，父母亲常常警惕着可能来袭的危险。尤其对于涉禽，比如田凫鸻双领来说，这点是非常重要的，因为它们在地上筑巢。如果有食肉动物向鸟巢靠近，雌鸟就会跳起一种特殊的舞蹈来散发气味，她走到空旷的地方，假装拖着一只受伤的翅膀走开。幸运的话，食肉动物就会跟上她，一旦她将之引诱到离开鸟巢足够远的地方时，

↑螳螂是少数几种能够照顾自己卵的昆虫之一。雌螳螂会定期地清理一次，保护它们不受霉菌的侵袭。

她就会张开翅膀飞走。

哺乳动物家庭

哺乳动物是用奶来喂养后代的，这使得母亲和后代之间的关系显得非常密切。大部分哺乳动物都可以通过气味辨认出自己的后代，然后会很仔细地照看后代。在生命的这一阶段，成年雄性可能是一大威胁，所以许多的雌性独立带大它们的后代。幼年的哺乳动物常常喜欢跟着母亲，但是幼年的有袋动物则受到了更好的保护，因为它们被装在母亲的育儿袋里。

在与父母相处的这段时间里，年幼的动物都会观察父母如何进食。这是成长过程中的重要部分，因为它会教育后代应该如何行事。猎捕性的哺乳动物后代会观察父母如何捕猎，而最聪明的哺乳动物比如海豚和黑猩猩，则会学习同类动物间用于交流的声音和动作。对于人类而言，这个阶段甚至更为重要，因为语言可以让我们交流技巧和思想。

↓幼年的海豚常要与母亲一起待上 1 年以上。在成长的过程中，它们学习如何通过叫声来辨识其他同伴。

生命的成长

有些动物的生命在刚开始时，其与自己父母看上去差别很大。很多会在成长过程中只是变了颜色，而有些动物的变化则是相当惊人的，它们的体态与初生时完全不同。

大多数幼年的哺乳动物与它们的父母是非常相像的，虽然它们的身体还没有发育完全。但是对于一些动物来说，幼体与父母之间完全看不出任何相似之处。比如，毛虫与蝴蝶一点都不像，年幼的龙虾是透明的而且没有螯。像上述这类的年幼动物被称为幼虫或者幼体。它们与父母有着不同的生活方式，但是一旦"幼年"阶段结束后，它们可以形成父母的样子并且按照父母的方式生活。

幼体的生活

昆虫通常都有幼体，要找到它们的最佳地点是水环境中，尤其是海洋中。在那里，几千种动物幼体从卵中孵化出来后开始了自己的生命。有些是由鱼产下的；有些则是由各种无脊椎动物产下的，包括从龙虾和藤壶到蛤和海胆、海星等。大部分幼体看上去与它们的父母一点都不像，过去，科学家还错误地认为它们是完全不同的物种。

与幼年哺乳动物或者雏鸟不同，幼体是完全独立的，它们有非常重要的任务需要完成。对于毛虫而言，它们的重要任务是进食，这是它们昼夜不停需要做的事情。进食的过程中，毛虫收集了所有其变成蝴蝶所需的原材料。对于水生幼体，任务就不同了。这些幼体通常是由动作缓慢的动物或者一生都固定在同一个地方的动物产下的。它们通常随着浮游生物漂流到很远的地方，从而帮助实现种族的繁衍和延续。

蝌蚪是一种幼体，此外还有美西螈——来自墨西哥的粉色两栖动物，常常被作为宠物饲养。这种非同一般的动物可以在幼体阶段就繁殖，但是大部分还是要成年后才能繁殖。

变　形

从幼体变为成年动物，这个过程被称为"变形"。在海洋中，大部分幼体的变形过程都是慢慢进行的，它们的身体也是一步一步发生变化的。一只龙虾幼体在每次蜕壳时稍稍发生

→　皇帝神仙鱼在成长过程中会变化颜色和外形。本图中显示了成年鱼（上）和幼年的鱼（下）。

变化。当第4次蜕壳时，龙虾的足部和触须已经发育完成，也长出了虽然小但是可以有效使用的龙虾螯。在这个阶段，幼年的龙虾体长还不到2厘米，但是它在浮游生物中的生活即将结束。蝌蚪也是渐渐变化的，它们的鳃会萎缩，腿部渐渐出现，尾巴也会慢慢消失。在变形过程中，它们的饮食也会相应发生变化。新孵出的蝌蚪一般是以植物为食的，但是它们的饮食中渐渐加入了动物性食物。到它们完全变成青蛙或者蟾蜍

后，它们是百分之百的食肉动物，再也不会碰植物性食物了。

慢慢地变化

很多昆虫也通过几个阶段进行变化。像幼年龙虾一样，幼年的蚱蜢每次蜕壳就会显得更像它们的父母。新孵出来的蚱蜢长着大大的脑袋，短短的身体和粗短的足，它们不能飞，因为还没有长出翅膀。但是它们慢慢成长，一次一次蜕壳，两边渐渐会长出翅膀的雏形。到了第6次也是最后一次蜕壳，便形成了成年蚱蜢。一旦翅膀变硬，便可以自由飞行了。这种变化被称为"不完全变态"，因为这种变化是有限的。很多其他昆虫，包括蜻蜓、甲虫和臭虫等也是按照上述方式变形的。但是对于蝴蝶和蛾，以及苍蝇、蜜蜂和黄蜂来说，变化是更为剧烈的，它们的变化不再是一步一步缓慢的，而是在幼体生活即将结束时突然发生的。

蝴蝶的长成

当毛虫对食物失去兴趣时，这就是变化的先兆，此时的毛虫有了比吃更为重要的任务——它建起一个具有保护作用的蛹，有的外面还裹着丝茧。为实现这个目的，飞蛾的毛虫通常从它们食用的植物上爬下来，这样它们可以在地下结蛹。蝴蝶则经常将它们的蛹挂在叶子或者叶茎间。

一旦蛹形成后，非同寻常的事情就开始发生了：毛虫的身体慢慢分解成一潭活细胞。如果蛹在这个时候被打开，则看不到任何生命的迹象。但是几天之内，主要的细胞重组工程一直在紧张地进行，直到一只蝴蝶或者飞蛾成形。当成虫完全形成后，就会破开外面的保护性的蛹壳或者茧——一只全新的蝴蝶或者飞蛾诞生了。这种变化被称为"完全变态"，因为毛虫的身体已经被完全重组了。

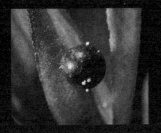

↑凤蝶的生命是从一个卵开始的，被产在幼虫将用来作为食用的植物上。随着卵即将孵化，卵的颜色会慢慢变深。

↑这条毛虫昼夜不停地进食，每4～5天身体就增大1倍。在生命的这个阶段，它的主要敌人是食虫鸟类。

↑毛虫经过大约1个月的进食后，渐渐开始结蛹。当里面的蝴蝶完全成形后，蛹便裂开了。

本能和学习

↑蜘蛛织网时完全不知道自己要将网织成什么样子。这只蜘蛛只是按照本能行事，网便被慢慢织成了。

蜘蛛不会设计和计划，但它们仍然能够织出结构复杂的蜘蛛网。与我们人类不同，它们的这些行为是由本能控制的，而本能是由后代从父母身上继承而来的。

本能是保持动物世界正常运转的隐性指导。像蜘蛛或者昆虫等结构简单的动物，本能控制它们的所有行为方式。虽然这些动物的脑很小，但是本能却能使它们完成非常复杂工作。脑较大的动物也有本能，但是它们的行为更为多变，这是因为它们可以从经验中学习。

什么是本能

动物的本能使得其在日常生活中按照固定的一套方式行事：雏鸟会在父母回巢时本能地讨要食物，而幼年哺乳动物则会本能地吸食奶水。在以后的生活中，本能控制着动物的所有行为——从求爱到迁徙，从织网到筑巢。因为本能行为不用学习，所以动物做出本能行为不需要此前有过类似经历，也不需要理解其中的各个步骤。

有时候，本能行为能够给人留下深刻印象，让人觉得动物其实是知道自己在做什么的——河狸可以建造出非常精致的水坝和水渠，而白蚁则可以建造出庞大而复杂的蚁穴。但是与人类建筑师不同的是，这些动物不能想出新的设计，它们只是按照基因给出的指导行事。

做出正确的反应

本能行为总是由一些事由激发，比如蟾蜍本能地会去捕捉在动的猎物，可如果是同样的猎物但是静止不动的话，它就会熟视无睹了。鱼在遇

到危险时聚集到一起，当危险过去后又会各自散开。本能行为也可以由环境激发，比如季节的变换或者潮汐的涨落——招潮蟹有一个内置的"钟"，受潮水的调节，当潮水退的时候，它们就出来捕食——即使它们被转移到远离海岸的地方。像这样的本能是很重要的，因为可以帮助生物生存。但是有时，本能也会出错——飞蛾利用月亮来辨别方向，但是在夜色中，它们也会绕着灯光飞旋。这是本能行为的一大缺陷——不能随新

↓火腹蟾蜍本能地拱起了自己的背。这是很明显的标志，在告诉蛇，它们的皮肤是有剧毒的。

事物做出调整。

从经验中学习

　　人类也有本能，但是我们大部分行为是按照经验行事的，我们不仅从自己的经验中学习，还从其他人身上的经验中学习，此外还擅长于随时获得新

↑这只雌鹅不管走到哪里都被一群小鹅跟着。小鹅是通过一种被称为"铭记"的教育而记住和认出自己的妈妈的。

↑秋天，松鼠将多余的橡子埋藏起来。它们并不懂四季，但是这种本能行为可以保证它们在即将到来的冬季有足够的食物。

的技巧。除了人以外的动物通常都是按照本能行事的，但是学习可以让它们生存得更好。

　　筑巢是上述两种行为的很好结合。当一只鸟筑它的第一个巢时，它是按照本能来设计和建造的，它们筑的巢也许不完美，但都有合适的形状和大小。但是如果这只鸟的生命够长的话，它可以慢慢成为一个更好的建筑师：它会学习哪里可以找到最好的筑巢材料、发现哪里最适合筑巢。这些经验甚

至可以帮助它更好地吸引配偶。

动物的智慧

　　很难将动物的智慧与人类智慧相比较。很多动物可以使用简单的工具，但是很少动物自己能够制造工具。有些鸟类可以数到 5 或者 6，但是数字在它们的日常生活中似乎没什么用处。章鱼甚至是更有"智慧"的，在实验中，它们找到了如何除去瓶子上的塞子，从而吃到里面食物的方法。事实上，我

↑埃及秃鹰用石头将鸵鸟蛋敲开。虽然这个行为看上去很聪明，但这些秃鹰常常是将石头丢在蛋的旁边，而不是朝蛋砸去。

们的近亲仍然是最有智慧的——猩猩已经学会了怎样操作机器，非洲黑猩猩则可以使用超过 30 个单词的语言进行交流。

↓这些幼年的黑猩猩正在用草茎将白蚁从蚁穴钓出。幼年黑猩猩通过观察父母的行为学到了这个技巧。这种学习在野生动物中是很少见的，但人类却一直在使用。

狮群的生活一般都是很平静的，但是当不同的狮群相遇时，战争却常常不可避免。在肯尼亚马赛－马拉国家公园中，一个狮群里的狮子正在为保护领地而与入侵者进行斗争。这些战争看上去很危险，事实上大多数进攻只是虚张声势而已，很少会出现真正严重的伤势。

← 在白天，仿石鲈紧密地挨在一起生活，而到了晚上，这些鱼就会散开，各自在海床上寻找食物。

群居生活

　　鱼群、蜂群、鸟群和兽群一块生活是动物世界生活的一大特征。但是为什么这些动物会聚集到一起生活，而其他动物的大部分时间都是独自度过的呢？

　　动物生活在一起不是简单地因为它们喜欢彼此的陪伴，它们群居生活的目的在于增加提高存活的机会。有些动物会因为特殊原因而聚集到一起，之后又各自过各自的生活。另一些，像蚂蚁和白蚁这样的动物，一生都生活在一起，单独生活是不能存活下去的。

↑瓢虫常常聚集在一起冬眠。它们鲜艳的颜色可以警告来犯者，自己并不好吃。而当聚集在一起时，这种信息就会被传递地更为清晰。

暂时的群居生活

　　在温暖的春日傍晚，大群的摇蚊在空中飞舞，每一群中都至少有几百只雄性的摇蚊，它们聚集在一起来吸引异性的注意。当一只雌性的摇蚊靠近时，所有的雄性摇蚊都会向其冲去，其中一只会成功地将雌摇蚊吸引开去，并进行交配。失败者留下来继续跳舞，而对于那对幸福的配偶而言，群居生活也就结束了。

　　摇蚊的这种群居生活属于暂时群居，只发生在一年之中的特定时期。春季，青蛙和蟾蜍都聚集在池塘里繁殖，而鸟类也聚集在每年进行交配的地方。冬季，动物们也会聚集到一起，抵御恶劣的气候——瓢虫聚集在树皮下，而鹪鹩则挤在巢箱或者树洞中。但是这些动物并不是彼此永远的伙伴，一旦白昼变长，就会散开而各自生活，可能一生中再也不会碰到了。

↑笑翠鸟的一大家子都生活在一起，它们的后代在会飞行后不会离巢而去，而是留下来帮助父母照顾弟妹。

兽群生活

　　羚羊群是非常特别的一个群体，因为成员们一生都生活在一起。羚羊的群居生活是为了保护自己，因为聚集在一起比单独行动时受到攻击的可能性要小得多。很多鱼类的群居生活也是出于同一个目的，因为捕食者会觉得从飞速游动的鱼群中选定目标比较困难。在这些群体中，全体动物的行为如出一辙，它们会在同一个时间里做同一件事情。

虽然大群的动物生活在一起，但也并不意味着它们会互相帮助。事实上，如果一只羚羊遭到攻击的话，其他羚羊通常看上去是漠不关心的，原因是它们只关心自己的亲戚。如果一头小牛受到进攻，它的母亲肯定会誓死守护的，但这个母亲绝对不会保护属于另一个母亲的小牛。

大家庭生活

象群的生活就与众不同了，因为整个象群基本就是一个家庭。象群由一头年长的母象领导，象群中的其他母象不是它的女儿就是近亲。这位女首领对于哪里可以找到最好的食物和水有着很多年的经验。随着小象的长大，它们也会自己去这些地方进食与喝水。等到年长的首领死去后，新的母象就会接掌首领的位置。

与羚羊不同，整个象群的成员都是有亲戚关系的。如果一头大象病了，整个象群的行进速度就会为之慢下来，健康的成员会主动保护病象不受攻击。当一头母象快要生的时候，其他年长的母象——被称为"姨"的——就会与这位未来妈妈待在一起，而且确保新生的小象不会离群。当群中的成员死去时，其他成员看上去都会很悲伤。与羚羊相比，大象似乎更像人类。

庞大的群体

成员数量最大的要数群居昆虫，其中包括蚂蚁、白蚁以及蜜蜂和黄蜂等。这些动物生活在一个庞大的家庭中，被称为群体，每一群的数量可以达到200万只。在一个群体中，只有一个成员是繁殖后代的，她被称为皇后，她把自己毕生的精力都放在产卵上。群中的其他成员则是"工人"，它们筑窝、守卫、寻找食物还有养育后代。

要使得整个群体运作起来，"工人"需要在适当的时候完成适当的任务。它们的"命令"是由皇后以一种被称为"信息素"的化学气味来给出的。只要她能够产生这种气味，"工人"就会完成每天的常规工作。"工人"也会发出自己的信息素，比如在被攻击的时候。当"工人"发出被攻击信息素时，其他"工人"就会集合起来一起对付威胁。

群体生活形式是很成功的，但有时也会被侵略者攻破。有些种类的蚂蚁会进攻其他群体并且俘虏对方的工蚁，而有些毛虫则直接进入蚁穴中捕食。毛虫的气味与蚂蚁很相像，这个把戏使得蚂蚁误认为毛虫是朋友而不是敌人。

↓海岛猫鼬经常是两三个家庭一起生活。这些群居动物通常团结在一起，轮流望风。一旦发现危险，就会发出很大的叫声。

动物建筑师

早在人类学会使用砖和水泥之前，动物就已经开始自己建造家园了，它们的窝有的只有蛋杯那么大小，有的则可以超过1吨重。

动物已经很适应户外生活了，因此大部分都不需要窝。如果建窝，则通常是用来保护自己的后代的。巢居可以帮助后代保持干燥和温暖，也可以让猎食动物不能轻易找到。动物也会建造一些其他建筑式样，包括用来猎获食物的陷阱和鸟类用来吸引异性的奇特的"别墅"。

水坝建筑师

动物所能建造的最大结构是珊瑚礁，它们可以长达几百千米，不过并不是按照规则的组织结构来建造的。但是，河狸建造的水坝却是有目的而建的，属于动物建筑中规模最大的工程性建筑。据资料记载，最长的河狸水坝长达700米，其牢固程度完全经得起观光客的考验，甚至一人骑马走在其上也是没有问题的。

河狸建水坝是为了创造一个可以安全生活的地方。水坝挡起的水慢慢可以形成一个淡水湖，在湖水最深处，河狸会建起一个土墩，是河狸的住所，里面是它们的生活区域所在。住所墙的厚度可以超过1米，因此，即使在冬季，住所的中心也是温暖的。进到住所的唯一途径是通过水下通道，这种安全防卫工事可以让很多猎食动物无可奈何。

为了建造水坝，河狸会咬断小树，然后将之漂到适合的地方。在木头框架结构打好后，它们会填上植物和泥，使其可以起到防水功效。

一旦水坝建成，这些天生的工程师就会密切关注水坝是否有漏水现象，如有就会及时做出修补。一个造得比较好的水坝可

↑一只雌蜂鸟用蜘蛛丝将鸟巢固定在了树杈上。像很多雌鸟一样，它负责建造鸟巢，雄鸟不给予任何帮助。

↓利用锋利的门牙，河狸可以咬穿30厘米厚的树木。像所有其他的动物建筑师一样，它们本能地知道应该使用什么样的建筑材料，以及应当如何将材料固定在一起。

以用几十年，因此同一个住所可以被几代河狸使用。

做一个入口

　　鸟类以建筑高手著称，与河狸不同的是，很多鸟类每年都会重新建造自己的巢。蜂鸟用青苔为材料，用蜘蛛丝把青苔固定在一起，这样，建成的温暖且牢固的鸟巢正适合用来作为世界上最小鸟类的育儿所。较大一些的鸟类通常用树枝和木棍建巢，但是有些特别擅长用泥作为建筑材料——燕子就能够用泥建出杯型的巢；来自南美洲的红褐色灶巢鸟则可以用泥建造出像大气球一样的鸟巢，这种鸟巢的侧面有个开口，可以进入曲折的通道内。这样的设计可以使猎食动物不能轻易够到蛋或者雏鸟。纺织鸟和拟椋鸟有自己的一套避开不速之客的方法——它们的鸟巢用叶子编成，有着管状的入口。这些鸟巢像树干一样向下悬着，长度几乎可以达到1米。

代代相传的鸟巢

　　建造这类鸟巢需要很长时间，即便如此，很多也只是被用过一次就废弃了。原因是，鸟巢会慢慢变脏，会长出像扁虱和跳蚤之类的寄生虫。但是猎捕型鸟类似乎不在乎这些卫生问题，它们通常是同一个鸟巢用了一年又一年。有时，一个鸟巢还会被传给下一代使用，每一代使用的那对配偶会对鸟

↑这个白蚁巢重重叠叠有好几层，这样可以保持蚁巢的干燥。这个蚁巢建在地上，但是很多蚁巢都是建在树上的，使用嚼碎的木质作为建筑材料。

巢进行扩容。

　　最大的树筑鸟巢是白头雕的杰作，它会使用像人类胳膊那样粗的树枝作为建筑材料，这种鸟巢的深度可达6米，重量

纸墙　　　　单室

↑普通黄蜂筑巢，是通过咀嚼木质纤维，然后将之像纸一样层层铺摊而成的。图1和图2显示的是一只黄蜂蜂后新建的蜂巢。而图3和图4显示的是同一个蜂巢在3个月以后的样子。工蜂将蜂巢扩建了，并且添加了很多额外的"楼层"。这些"楼层"中有发育中的幼虫细胞。

可达一般家用小汽车的2倍。尽管住宅很宽敞，但是白头雕每次产卵都只有两个。

昆虫的窝

　　昆虫界中也有出色的建筑师——黄缘蜾蠃会用泥土建造长颈瓶状的蜂巢来养育自己的幼虫，而一些石蛾通过在水下张网来捕获食物。但是最让人叹为观止的昆虫巢是一些特殊种类的昆虫，比如蚂蚁、蜜蜂、黄蜂和白蚁。小小的法老王蚂蚁建造的蚁巢比高尔夫球还要小，但是有些白蚁可以建出高达9米的蚁巢，虽然是用泥土建造，但是在热带骄阳的炙烤下，这些昆虫堡垒常常变得比岩石还要坚硬。

生态学

生物就像是一个不断变化的拼图玩具中的小板块。生态学家们就这些板块是怎样适应彼此和整个周边世界的问题进行研究。

← ↓ 草地是地球上十几个生态系统之一。大部分生态系统之间没有严格的界限，通常是彼此交融在一起的。所有的生态系统组成了生物圈，是地球上所有生物的家。

自然界到处都存在着联系，比如，猫头鹰吃老鼠，大黄蜂使用旧的老鼠洞，因此，如果猫头鹰数量少，老鼠数量就多，大黄蜂找一个旧鼠洞安家的机会也就多了。斑马吃草，但是因为它们也啃其他植物，所以同时也帮助了草子的传播。像上述的这些联系使得整个自然界得以运作起来。

↑ 非洲草原和其上的野生动物形成了地球上最具特色的生态系统之一。这个生态系统因其具有丰富的食草哺乳动物群而出名。

什么是生态学

当科学家最早开始研究自然的时候，他们的注意力都放在各个生物种类上。他们遍访世界各地，把标本带回博物馆，这样各个物种就可以被分类与确定下来。今天，这项工作还在继续。但是，科学家同时也在研究生物之间的相互作用关系，这项研究是非常重要的，因为可以帮助我们理解人类带来的变化——污染和森林采伐等——是怎样影响整个生物世界的。

生态学即是对这种联系的研究，它涉及生物本身，以及它们使用的原材料和营养物质。能量也是生态环境学中一个重要的研究方面，因为它是生物生命存活的动力所在。

聚集在一起

调查野生动物的研究人员通常对野生动物了解得非常透彻。有经验的研究人员可以根据黑猩猩的脸以及驼背鲸的尾部造型而直接将它们辨认出来。研究生物种类是很有意思的，但是生态环境学家对于从更大范围内研究生命的运作情况更感兴趣。

从个体引申出去，首先最重要的级别是"种群"，这是在同一时间生活在同一地方的同一种生物的集合。有些种群的成员很少，而有些却达到上千之多。不同的种群有着不同的变化方式。一个大象种群或者橡树种群的数量变化很慢，因为它们的繁殖速度很慢，而且寿命很长。而虾蜢的种群数量变化就快

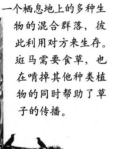

← 斑马与各种植物和动物一起形成了一个群落——一个生活在同一个栖息地上的多种生物的混合群落，彼此利用对方来生存。斑马需要食草，也在啃掉其他种类植物的同时帮助了草子的传播。

↑生活在同一个地方的所有斑马形成一个种群。它们混合生活在一起，因此也会进行异种交配繁殖。在一个斑马种群中，一种斑马与另一种斑马之间存在着细微的差别，但这需要专家才能辨别出来。

了，因为它们繁殖很快、寿命很短。

在有些种群中，生物个体是随意分布的，不过更常见的情况是，它们以分散的群的方式生活。这对于试图监控野生物的科学家来说是个麻烦，因为这使得种群的数量很难数清。而且，有些动物比如老虎和鲸之类的一直处于迁移当中，使得这项工作就更难了。

群落生活

在种群之上的便是"群落"，其中包括了几个不同生物的种群，就像是小镇上生活在一起的几户邻居。在自然界中，群落生活总是很繁忙的，并不像其看上去那么平静，那是因为各个种群的生活方式大不相同——有些可以与邻居和睦相处，有些则是将邻居作为自己的囊中猎物。

不同地区的生物群落各不相同，在热带，群落中常常包含了数千种关系复杂的生物。在世界上生活环境最恶劣的栖息地中，生物种类甚至还列不满一页。比如，深海底的火山口布满了细菌，但是没有任何一种植物生活在那里，因为没有阳光。在这样的艰苦条件下，基本没有生物愿意将海底火山口作为

自己的长久生活之地。

栖息地和生态系统

一个群落是多种生物的集合，不再包含别的东西。但是下一步要提到的生态系统，则还要包括这些生物的家，也即栖息地。生态系统包括生物和其所处的栖息地，从针叶林和冻原到珊瑚礁和洞穴。

生态系统需要能量才能运作，而这种能量通常来自于太阳。植物在陆地上收集阳光，而藻类从海洋表面获取阳光。一旦它们收集起这种最为重要的能量后，就将之用于自身的生长，这也就为其他生物提供了食物。一种生物被吃后，它所含有的能量就被传给了食用者。深海火山口是生物以不同于上述方式获取能量的极少数地方之一——在这里，细菌通过溶解在水中的矿物质获取能量，而这些细菌则为动物提供了食物。

世界上所有的生态系统构成了生物圈，也是生态学分级中的最高级别。这个变化多样的舞台，承载了丰富多样的定居者，涵盖了有生物居住的所有地方。

家和栖息地

得益于现代科技，人类可以生活在地球上几乎任何地方。与我们相比，地球上的野生动植物对于自己的生活环境比较挑剔。

在自然界中，每一个物种都有自己的栖息地或者家，一个栖息地可以为动植物提供生活的处所，以及其所需的所有东西。大部分物种都只喜好一类栖息地，但是有些可以在其生命的不同时期使用两类或者三类不同的栖息地。物种能够习惯于它们的栖息地是因为几千年甚至几百万年来的适应过程，如果它们的栖息地发生变化或者消失，它们的生存就会变得困难了。

→ 在非洲和南亚的很大面积地域中都生活着豹。由于其分布广泛，在如今瞬息万变的世界中生存的机会就相对较高。

→ 豹可以在多种不同的栖息地中生存，这也是这个物种如此成功的原因之一。豹通常在树上进食和睡觉。

生活的空间

栖息地就像是地址，因为它们会告诉你哪些物种生活在哪些地方。比如，大熊猫生活在中国中部地区的大山里，它们几乎完全是以竹子为食的。在地球上的其他地方，这些大熊猫都不可能长久地生存下去，因为熊猫以竹

→ 水熊，或者叫作缓步动物，生活在世界上潮湿的微环境中。如果它们的家开始变干，它们会把足部缩起来，身体也变干。一旦它们进入休眠状态，它们可以存活几年直至环境再度变湿。

子为生，没有了竹子，它们别无所食。

　　与大熊猫相比，豹对于生活的环境和所吃的食物不是那么挑剔。它们可以生活在空旷的草原上和热带丛林中，甚至可以生活在靠近村镇的田地里。这也解释了为什么豹是当今最为成功的猫科动物。世界上一些分布很广的动物甚至还生活在根本不为人类所知的环境里。一种被称为"水熊"的微生物生活在池塘、水坑、水沟甚至两层泥土之间薄薄的含水层中，像这种栖息地

↓ 这种海椰树是世界上种子最大的珍稀树种。它只能生活在土质肥沃、全年温暖的地方。

在世界上到处都是，所以水熊可以在世界范围内分布。

特殊的家

　　很久以前，我们的祖先从非洲向北扩张，最终遍布整个地球。但自然界中，一些物种仅在一个地方进化，从来没有试图在其他地方分布过，这通常是因为这些物种被隔绝在偏僻的岛上或者高山上的峡谷中。这些物种被称为地区性动植物，其中包括几千种罕见的植物比如海椰树，和一批特别的动物，包括马达加斯加岛的狐猴和加拉帕戈斯岛的陆龟。来自新西兰的奇异果以及夏威夷几乎全部的土著鸟和蜗牛都属于地区性物种。
　　地区性物种通常很稀有，因为它们的天然栖息地范围很小，这使得它们很脆弱。一旦栖息地发生变化，或者人类将新的物种带到其中，它们可以在

很短时间内灭绝。很多地区性物种已经灭绝了。在像夏威夷和新西兰这样的地方，动植物保护主义者正在努力保护尚存的物种。

新的栖息地

　　世界上大部分栖息地都生活着大量的生物，但有时候，新的栖息地也会出现——在河流改道，或者发生野火时，动植物会

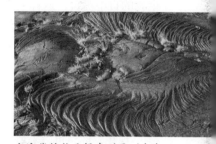

↑ 这些植物已经来到了一个全新的栖息地——火山爆发后留下的熔岩地。随着时间的推移，泥土会慢慢形成，而更多的植物也会生长到这里。

以最快的速度迁移到空旷安全的地方。从长远的角度讲，大灾难也会带来新的机遇：比如在美国西北地区，1980 年圣海伦斯火山爆发，这次火山爆发毁灭了几千棵树，铺起了厚厚的火山灰。但是仅仅 3 年之后，那里就开满了鲜花，住满了昆虫。今天，森林也正迅速地恢复。

食物链和食物网

在自然界中,食物总是一直处于移动当中。当一只蝴蝶食用一朵花时或者当一条蛇吞下一只青蛙时,食物就在食物链中又向前推进了一步,同时,食物中含有的能量也向前传递了一步。

食物链不是你看得见摸得着的,但是它是生物世界中的重要组成部分。当一种生物食用了另一种生物时,食物就被传递了一步,而食用者最终也总是成为另一种生物的口中美食,这样一来,食物就又被传递了一步。如此往下便形成了食物链。大部分生物是多种食物链中的组成部分。把所有的食物链加起来,便形成了食物网,其中可能涉及几百种甚至几千种不同的物种。

食物链是怎样运作的

现在,你将可以看到一条热带生物的食物链。像所有的陆上食物链一样,它从植物开始。植物直接从阳光中获取能量,因此它们不需要食用其他生物,但是它们却为别的生物制造食物,当它们被食草动物吃掉后,这种食物便开始被传递了。

很多食草动物都以植物的根、叶或者种子为食。但是在本页食物链中,食草动物是一只停在花上吸食花蜜的蝴蝶。花蜜富含能量,因此是很好的营养物质。不幸的是,这只蝴蝶被一只绿色猫蛛捕食了。绿色猫蛛也就是本条食物链中涉及的第3个物种。像所有其他蜘蛛一

↑一只绿色猫蛛抓住了蝴蝶,并通过食用该猎物而获取了能量。它是食物链中的第3种生物,但它是至此为止的第1种食肉生物。

样,这种蜘蛛是绝对的食肉生物,非常善于捕捉昆虫。但是为了抓住蝴蝶,这只蜘蛛需要冒险在白天行动,这会吸引草蛙的注意。草蛙吞食蜘蛛,成为该食物链的第4个物种。草蛙有很多天敌,其中之一是睫毛蝰蛇——一种体形小但有剧毒的蛇类,通

↑这两页中的照片显示了中美洲雨林中的一条食物链,以一朵花为开端。当这只瓦氏袖蝶食用花蜜时,它便成为食物链中的第2种生物,但它是第1种进食性生物。

↑草蛙是该食物链中的第4种生物。它生活在树上,以各种动物为食。这些动物中,有些是食草动物,有些也像其一样属于食肉动物。

常隐藏在花丛中。当它将草蛙吞下时，它便成为本条食物链中涉及的第 5 个物种。但是蛇也很容易受到攻击，如果被一只目光锐利的角雕看到，它的生命也就结束了。角雕正是本条食物链中涉及的第 6 个物种，它没有天敌，因此食物链便到此结束了。

食物链和能量

6 个物种，听起来可能并不算多，尤其是在一个满是生物的栖息地中。但是这事实上已经超过食物链平均长度了。一般的食物链中都只有三四个环节。那么，为什么食物链那么快就结束了呢？这个问题与能量有关。

当动物进食后，它们把获得的能量用在两个方面。一方面用于身体的生长，另一方用于机体的运作。被固定在身体中的能量可以通过食物链传递，但是用于机体运作的能量在每次使用中就被消耗掉了。一些活跃的动物，比如鸟类和哺乳动物，被消耗掉的能量约占所有能量的 90%，因此只有大约 10% 左右的能量被留下来

成为潜在食物。当食物链走到第 4 或者第 5 种生物时，所含的能量便因为逐级减少而所剩不多了。当走到第 6 个环节时，能量几乎已经消耗殆尽。

金字塔

这种能量的快速递减显示了食物链的另一个特征——越是接近食物链开端的物种数量越丰富。如果按照层叠的方式把食物链表示出来，结果便形成金字塔形状。

比如淡水环境中一条食物链可以形成一个典型的金字塔——从下而上，数量较大的生物是蝌蚪和水甲虫；再往上，食肉鱼类数量相对减少，而食鱼鸟类的数量则是最少。在所有的生物栖息地包括草地到极地冻原，都适用上述这种金字塔结构。这就解释了为什么像苍鹭、狮子和角雕那样位于金字塔顶端的食肉动物需要如此之大的生活空间了。

世界范围的食物网

食物网比食物链要复杂得多，因为它涉及大量不同种类的生物。除了

↑这只角雕是本条食物链中的最后一种生物，再没有别的生物可以伤害它。但是当其死亡后，它的尸体会进入另一个食物链中，为分解者所分解。

捕食者和被捕食者，其中还包括那些通过分解尸体残骸生存的生物。在食物网中，一些生物只有很少几个与其他生物的关联，而有些则有很多，因为它们食用多种食物。

食物网越精细越能证明该栖息地拥有健康的环境，因为这显示了有很多生物融洽地生活在一起。如果一个栖息地被污染或者因森林采伐而被破坏了，食物网就会断开甚至瓦解，因为其中的一些物种消失了。

扫码获取更多资源

一艘船正在澳大利亚东北部的湿地栖息地——保龄绿湾国家公园内顺河而下。在世界的这个地带，每年都有很长时间的旱季，因此树只有在沿河两岸才能生存。鳄鱼潜伏在泥水中，而两岸窄窄的林区中住满了鸟类。

第 **3** 部分
野生生物栖息地
WILDLIFE HABITATS

世界上的生物群落区

　　人类世界是按照国家来划分的，而自然世界的划分则有着完全不同的方式。它们的"国家"被称为生物群落区，每一个区中都有自己独特的生物组合。

　　从空中，很容易看出生物群落区。沙漠是干旱的棕褐色，而热带丛林则像一块深绿色的地毯。冻土带开阔荒凉，而湿地上则覆盖着浸满水的植被。通常，生物群落区就是"栖息地"，用来表述物种作为自己的居住地的特定环境。

生物群落分布图

　　在陆地上，主要有 10 个生物群落区，是按照气候来划分的，因为气候是影响物种分布的重要因素。比如，热带雨林分布在长年温暖潮湿的地带，而沙漠则分布在干燥到几乎无树可长的地带。每种生物群落区可以分布在世界上的多个气候相同或者相似的地方。生长在每一种生物群落区中植物因地区差异各有不同，但是因为生活在相同的气候条件下，通常有着相同的外形甚至相同种类的叶子。

　　动物要靠植物生存，因此也可以划分群落区。世界上大部分的食草性哺乳动物都生活在草原上，而很大部分的昆虫则主要生活在热带和温带丛林中。沙漠是对于蛇和蜥蜴而言的最重要的群落区，此外灌木地也是比较适合这两者生活的环境。世界上很大部分鱼类都生活在珊瑚礁中——基本上相当于海中一个独立的生物群落区。

迁移中的生物群落区

　　由于生物群落区主要是按照气候条件来形成的，所以，不同的区之间基本上是没有明确的界限的，相邻的群落区之间通常相互交叠。在极北地区，针叶林带逐渐地被冻原所取代，而在热带，灌木丛地慢慢地为沙漠所替代。在有些地方，两个群落区之间的界限可以宽达几百千米。

　　气候类型慢慢变化，生物群落区也随之变化。当气候变干时，沙漠面积就扩大了，而当雨季来临后，又慢慢萎缩了。地球

历史越往前推，气候和群落区的这种变化也就越大。在上一个冰河时期的鼎盛期，冻原覆盖了北美洲、欧洲和亚洲的大部分地区，热带雨林地带因为气候寒冷干燥也出现了大面积的萎缩。而且，随着热带雨林的缩小，很多热带动物也遭到了削减。

人类和生物群落区

下图显示的是当今生物群落区的分布情况，但是没有考虑人类活动对之造成的影响。自从1万年前人类学会农耕之后，人类对于世界上生物群落区的分布带来的影响也越来越大——森林被砍伐，草地变农田，湿地被抽干。在世界上的一些地区，由于农田上的泥土被冲刷或者风吹带入，沙漠面积在不断扩大。如果人类的这些行为都没有发生或者将

↑一只南非大羚羊正疾驰着去追上自己的群体，相形于高大的沙丘，它显得是那么的渺小。像所有沙漠动物一样，南非大羚羊生命的大部分时间都是在行进中度过的，寻找着有雨水和植物的地方。在干旱的季节，它们就通过食用瓠果（一种像瓜一样的果实）来获得身体所需的水分。

现实还原到本来状态，那么生物群落区的分布就完全应当是下图中的样子。

北极和冻原

在地球的极北地区，气温可以低至
−50℃，冬季的日照时长只有几个小时而已。
对于生活在那里的动植物而言，北极充满着机
遇，但是要在这样一片冰和雪的海洋中生存，
需要真正的强壮和坚韧。

北极的中心地区是一片冰冻的海洋，并且几乎都被
陆地包围着。这是世界上最小的海洋，大部分的洋面都
被永久移动的浮冰覆盖着。北冰洋周围的陆地被称为冻
原，荒芜而没有生命的迹象，在一年中的大部分时间里
都是冰冻着的。但是在春季和夏季的短短几月中，土表
的冰层会融化，冻原突然间显示出勃勃生机。

北冰洋中的生活

对于人类来说，北冰洋是极端寒冷的，即使在夏
天，这里的温度也接近冰点。任何人如果落入北冰洋，
除非能够被立即救起，否则没有生还希望。在冬季，海
冰可以一直延伸到格陵兰岛北部，将整个洋面冰封起来，
就像是加了一个水晶盖子。冰山也被暂时困住而停止移
动，但是当海冰一融化，其便可以向南漂浮出几千千米
之远——1912年，泰坦尼克号撞到冰山而沉船的事故发
生在西班牙附近海域，而1926年，一座冰山甚至漂浮
到了百慕大附近。

与空气相比，水更容易吸收热量，因此人类如果掉
入冰窟后不能坚持很久。尽管如此寒冷，北冰洋仍然是

↑水母是北冰洋野生物的重要组成部分。图中的水母正在游动，但是一些水母每天大部分时间都是在海床上仰面朝天地度过的。

地球上最为繁忙的生物栖息地之一，生活着大量的浮游生物、水母、海蛇尾、掘洞爬虫，以及鱼类、海

↓3头年幼的北极熊跟着自己的母亲在冰面上行走。雌性北极熊会照看自己的后代，直至它们长到大约两岁可以独立生活之后。

↑每到春季，北极海冰的边缘开始裂开，形成随洋流漂浮的大冰块。图中是格陵兰岛岸边，可以看到冰块开始从冰层中融裂开来。

豹和鲸等。它们是怎样生存下来的呢？

对于大部分生活在北冰洋的动物而言，寒冷完全不是问题，因为它们没有可以失去的体热。这些"冷血"动物只要海水没有真正结冰，就可以在冰冷的海水中生活得很惬意。很多动物生活在海床上，那里的温度全年稳定在4℃。在这个光线昏暗但并不完全冰冻的世界里，冷血动物的行动很缓慢，但是生存是绝对不成问题的。

深处的热量

对于生活在北冰洋的哺乳动物而言，寒冷是生存的一大威胁。海豹和鲸是热血动物，它们的体温几乎和人类没有差别。如果受了风寒，即使体温只低了几度，这些动物也有可能死亡。

北极的哺乳动物通过在身体上裹上一层厚厚的脂肪来解决寒冷问题。这层脂肪被称为"鲸脂"，存在于内脏器官和皮肤之间。脂肪是非常好的绝热器，它可以帮助防止体热的散逸。生活在北极的海豹，这层鲸脂可以厚达10厘米，而在弓头鲸体内，鲸脂甚至可以达到50厘米之厚，几吨之重。在17世纪，当这些鲸被捕获时，它们的鲸脂很受推崇，常常被切成块状后浮回岸边。

鲸脂已经足以帮助鲸保暖了，而海豹则还有自己的绒毛大衣。另一种北极动物——北极熊身上的皮毛更为厚实和浓密，可以在空气中起到很好的保暖作用，但是在水中的效果就相对不佳了。不过，幸好有鲸脂，北极熊也就不用担心寒冷了。它是真正的海洋动物，常常在距离最近的冰块和陆地之间游出十几千米远。

冰层的裂缝

在北极附近的北冰洋洋面上几乎一直是冰封着的，这就使得需要呼吸氧气的海豹和鲸的生存遇到了困难。但是，在北极的大部分地区，强烈的风和气流抽打着海冰，让一些地方的冰裂开了口子，又

↓一头幼年的格陵兰海豹正在喝奶。与北极熊不同，母海豹在幼仔只有12天大时就将之遗弃。这头幼年的格陵兰海豹需要先换上丝般的皮毛，才能开始在海洋中捕食。

↑ 就像是等待公交车的乘客，雄性独角鲸在冰裂、裂缝或者海冰间排成了一队。独角鲸有时是以家庭的形式生活的，但是图中的这些都带有长长的牙齿，说明它们都是成年雄性独角鲸。

把一些碎冰挤压在一起。较小的裂口被称为"冰裂"，几乎随处可见，但是不会持续很久。比较大的裂口有一个俄罗斯名称，叫作"polynya"，也就是"冰间湖"或者"冰穴"的意思，持续存在的时间可以达到几年甚至几十年之久。今天，最大的一个冰间湖出现在巴芬湾北梢，其面积几乎与瑞士的面积相当，从很高的上空就能清楚地看到。

对于北极的野生物，这些冰间湖就像是寒冷沙漠中的绿洲。这里可以看到很多海豹，以及北极体型最大的动物——海象。海象的体重可以达到1200千克，有着显眼的长牙、起皱的外皮，看起来就像天生是进攻大型

↓ 进食时间，海象总是懒洋洋地躺在浮冰上。它们的牙齿主要用作等级的标志，但是当它们需要从水中上到冰面上时，长牙也变得像手一样灵活可用。

的、行动快速的猎物的猎捕动物。但事实上，海象是以海床上的蛤为食，它们像大型的真空吸尘器一样，将蛤从冰冷的泥土中吸出来。

冰间湖也非常受北极最小的两种鲸类的喜欢，一种是白鲸，另一种是独角鲸。后者长有一个向前伸出的长牙。

独角鲸的牙齿看上去像传说中的独角兽的角，在以前常因被认为有某种

物种档案

北极狐：学名 Alopex lagopus

这种秀美而充满好奇心的猎食者在整个北极地区都可以看到。夏季，它们只在陆地上活动，但是到了冬季，它们会在冰面上行走几百千米之远。大部分北极狐都有着棕色的夏季皮毛和可以伪装在雪中的白色冬季皮毛。不过，也有一些北极狐的冬季皮毛呈蓝灰色。这些狐狸对食物并不挑剔，可以食用任何可以捕得或者获得的食物，从筑巢鸟类到北极熊吃剩下的食物，比如海豹。

↑极地上的阳光并不强烈，但是在夏季，太阳从不落下。这幅图显示的是挪威北部地区半夜时的情景。在北极，从三月末到九月末，太阳从不降落，而在之后的 6 个月中，太阳则一直隐藏在地平线下。

神奇的力量而被出售。即使在现在，独角鲸的牙齿也总是带着神秘色彩。这种牙齿只有雄性独角鲸才有，其实是一种高度特化的牙齿，可以长达 3 米。雄性有时用之进行例行公事般的对抗，而其真正的功能人们至今仍没有完全明了。

受 困

像巴芬湾那么大的冰间湖，可以被那些需要有开阔水域的动物做作自己永恒的家。但是在小面积没有冰的区域中，多变的天气和气流可以使得庇护所变成一个囚笼。夏末时节，海面开始结冰，无冰区开始萎缩，有时候会完全封冻。

对于海鸟而言，这只会带来一点点不便之处，因为很多可以向南迁徙到比较温和一点的地方过冬。但是对于海豹和鲸而言，如果它们拖延的时间过长，水面结冰将是一个很大的问题——一头完全成年的海象可以钻透 25 厘米厚的冰层，但是随着秋季过去冬季到来，冰层不断变厚，要继续留下通气孔

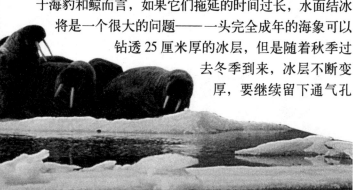

就变得非常困难了。

有时候，事情的确会变得很糟糕：独角鲸是北极鲸类中栖息地最靠北的一种，这就意味着夏末开始的寒冷对其造成的威胁更大。有时候，几百头独角鲸被困在日益缩小的冰间湖中，基本没有生存的希望。这对于鲸类而言是个坏消息，但是对于北极的土著生物而言却是个好消息，因为它们可以将独角鲸肉作为冬季的美食。

冻原的日夜

在北极，冬季总是昏暗的，而夏季则充满了阳光。在北极圈上，仲夏夜的太阳渐渐接近地平线，但是它还没有真正降到地平线下时又开始升起来了。越往北，太阳的升降越是奇怪。

在世界上最北的小镇——位于斯皮茨卑尔根岛的新奥勒松，六月初，太阳完全升到地平线以上后便不再降落，直至七月末。连续 8 个星期的白天，使得人们都不知道什么时候应该睡觉，什么时候应该起床。

北极动物完全可以适

应这种情况，它们可以保持全天清醒状态喙鸭子和大雁可以在午夜时分沿着海岸的冻土带进食，而雪能够在延长的白昼通过发动突然袭击惊扰它们的猎物。北极狐也到处巡游，在鸟巢周围和岸边的岩石地带逗留，希望能够找到鸟蛋或者雏鸟。与其他狐狸不同的是，这种皮毛浓密的动物在世居的地下洞穴中繁殖，最大的北极狐穴可以有十几个入口和上百年的历史。

↑图中显示的是放大了两倍的来自世界上"最矮的树"——北极柳树上的单朵柔荑花。这种坚韧的冻土带植物常常是通过大黄蜂来授粉。只要春季一来临，大黄蜂就会迫不及待地来到这些植物丛中。

花朵盛开的冻原

对于北极的植物而言，如此长时间的日照可以催化其繁殖。随着冰雪慢慢融化，鲜绿色的泥炭藓开始从浸满水的泥炭上冒出来，而沼泽棉也开始出现在冻土带墨黑的池塘中。石质地面上覆盖起了苔藓——尤其是那种只有几厘米高、看起来像灰绿色的刷子的苔藓。这些都是北极最坚强的生物种类，也是驯鹿的重要食物，它们通常都是先用自己的蹄将藓上的雪挖去。冻原上也生长着北极柳树，但

物种档案

驯鹿苔藓：学名 Cladonia rangiferina

虽然它的名字叫作驯鹿苔藓，但其事实上不是一种苔藓，而是一种地衣——藻类和真菌类杂交的后代。它可以在整个冻原上生长，是驯鹿的重要食物——尤其是在寒冷的冬季，其他食物在这片冰雪覆盖的地方已经是很难找到的时候。驯鹿苔藓呈灰色，但是会长出红色的顶端用来产生孢子。

↑雪地里的大批驯鹿正在向适宜冬季生活的地方行进。在加拿大北部最大的驯鹿群，数量可以达到50万之多，每年都要迁徙几百千米之远。

都只有脚踝那么高，通过牢牢抓住地面，这种植物可以抵抗北极寒风的摧残，这也是在这种大风寒冷的环境中生存的重要技巧之一。

由于北极的夏季很短，冻原上的植物也是速战速决地留下自己的种子。北极柳树可以长出黄色或者铁锈色的柳絮，等到地面上的雪化尽，气温达到10℃后便绽开，并吸引有翅膀的昆虫到来。有一种颜色鲜艳的被称为紫色虎耳草的植物动作更快，当雪还在融化的时候，便已经开始开花了。

北极的昆虫

对于居住在北极的人类而言，夏季反而是比较麻烦的时候，因为土壤表层的冰会融化，使得冻土带显得很湿软泥泞，外出非常不便。更严重的是，这个季节还有蚊子出没。在北极的各个池塘中，几百万蚊子的幼虫成熟了，用全新的翅膀开始在空中飞舞。雄性蚊子是无害的，因为它们以花朵为食，但是雌性蚊子在产卵前需要吸食血液。一般情况下，它们只是进攻野生动物，但是它们也会聚集在衣服、鞋子甚至摄像机镜头前，不放过任何机会进攻人类暴露在外的皮肤。

北极也生活着大量墨蚊，这是一种小小的弓背吸血昆虫，被其咬过后会觉得奇痒无比。这些招人

↑对于北极蚊子而言，人类是其抵挡不住的诱惑。北极有世界上个头最大的蚊子，其吸血的胃口也很大。与热带蚊子不同的是，它们基本是不带病菌的。

烦的昆虫只有两毫米长，但是它们可以成群出击，使得动物和人类逃之不及。

↑通过排成"V"字形飞行，大雁可以将迁徙过程中耗费的能量降到最低。每只鸟都利用前一只鸟产生的滑流来减少消耗，并且它们轮流充当领头鸟。

幸运的是，并不是所有北极昆虫都像墨蚊那样让人讨厌——北极的大黄蜂在为花朵授粉中承担着重要的任务，而蜻蜓则是以吸血昆虫为食。在天气温暖的日子里，如果气流也比较平稳的话，蝴蝶也会飞出来。有些蝴蝶是冻原的土著生物，也有一些是在夏季来临时不远千里迁徙而来的，它们由南向北飞行的距离有时可以达到惊人的2000千米以上。

飞行迁徙者

蝴蝶不远千里来到这样一个寒冷而遥远的地方似乎很让人费解，但事实上，到了夏季，北极的植物给蝴蝶带来几乎享用不尽的食物。蝴蝶并不是唯一长途跋涉来到北极的动

物——在雪还没有完全融化的时候，大群来自温暖地带的大雁就来到这里繁殖后代。每种大雁有它们自己的夏季和冬季生活区域——雪雁在冬季的时候生活在美国的南部和西部地区，但是平时在加拿大北极地区筑巢。比较罕见的红胸雁在冬季的时候生活在黑海附近，但是平时在西伯利亚北部的泰米

↑海雀是一种食鱼鸟类，在水中利用其粗壮的翅膀急速跟在猎物身后。这些鸟几乎与企鹅无异，不同的是它们仍然能够飞行。

尔半岛筑巢。

虽然雁类是游泳高手，但是它们并不以浮游生物为食。相反，它们吃草和其他陆生植物，用喙猛力一拽后，将植物折断

物种档案

北极大黄蜂：学名 Bombus polaris

北极大黄蜂是生活在世界上最北地区的昆虫之一，当其他昆虫都因为寒冷而停止飞行的时候，大黄蜂仍然坚强地飞在空中。像所有的黄蜂一样，它的身上覆盖着像皮毛一样的鳞片，可以帮助其在花朵间穿行时保持飞行肌的温暖。由于北极的夏季是很短暂的，北极大黄蜂必须快速完成繁殖后代的任务。当秋季来临时，蜂后会开始冬眠，直至寒冷过去而温暖重返。但是，所有的工蜂都会死去。

吞下。整个夏季，成年大雁和小雁大量进食变肥，为遥远的南方之行做好准备。

行进中的兽群

北极最大的食草动物也随着季节而迁徙，但是它们的迁徙过程是在陆地上进行的。大群的驯鹿向南迁徙，用它们异常宽大的蹄踏在雪上，游过所有挡在路前的河流，直至到达北部森林地带。

在斯堪的纳维亚半岛上，萨米人曾经过着游牧驯鹿的生活。他们跟随着自己的驯鹿，在森林和冻土带之间迁徙，并且赶走

↓→ 麝牛是北极最大的陆生动物。蓬松的皮毛可以保护它们不受寒冷的侵袭——尤其是当它们背对着寒风的时候。比如下图中被雪覆盖了整个背的这头麝牛。

且在长途跋涉的终点建起了舒适的家。

夏季过去，秋季来临，北极的麝牛开始了与众不同的迁徙——从地势较低的冻土带转移到地势较高的地带。这些大型有角动物在冬季有着超长的皮毛，因此几乎不受寒冷的影响。但是雪却是个大问题，因为它会让寻找食物变得困难。在格陵兰岛和加拿大北部地区，麝牛向积雪已经被大风刮尽的地势较高地区转移。

积雪下的家

在北极的冬季，最温暖的地方当属积雪之下。这就解释了为什么北极的植物在积雪覆盖地区长得

最好，为什么旅鼠也喜欢生活在积雪之下。北极生活着12个不同种类的旅鼠，繁殖速度都很快，只要出生两周后便能产育后代。其中一种被称为挪威旅鼠，由于每4年都会出现一次数量激增而很是出名。在"旅鼠年"中，食物供应跟不上旅鼠数量的增加，几百只旅鼠出来到

↑即使外面的气温已经降到－30℃，旅鼠的地道中仍然是相对温暖的。春季冰雪融化时，剩余的植物残骸可以显示旅鼠曾经在那里进食和躲藏过。

处搜寻食物。

传说迁徙中的旅鼠会从悬崖跳入海中自杀。事实上，旅鼠是游泳高手，但是偶尔也会遇到灾难而导致大量溺死的现象。

狼和其他猎食动物。如今，一些萨米人仍然过着这样的游牧生活，不过他们已经有了现代机动雪橇，并

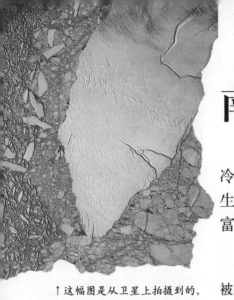

↑这幅图是从卫星上拍摄到的，一个巨大的冰山从南极洲岸边滑落。这时才刚刚入秋，但是海面已经结起了冰。这座冰山被海冰包围着，很快就会被牢牢固定住，直至来年春季。

南 极

人类很晚才拜访南极洲——世界上最寒冷、离陆地最远的地方。但是，几百万年来，生命在这个冰雪世界里繁盛发展，四周资源丰富的海洋为其提供了所需的养分。

与北极不同，南极是一片巨大的陆地，但是几乎都被冰雪覆盖着。最深处的南极冰帽达到4000米厚，其巨大的重量将地基部压得非常之实。除了科学家之外，几乎没有任何生物居住在冰帽上。但是在南极大陆沿海岸地区以及多风暴的南大洋中，充斥着大量的生命。

靠近南极

很少有地图会显示南极洲与外部世界的真正边界。这个边界不是冰雪覆盖的海岸或者南极圈，而是深入海中的一条看不见的界线。这个地方被称为"南极辐合带"，也即南极的寒流向北流动碰到向南流动的暖流的地方。这个辐合带总是处于移动当中，每年都在稍稍变动。但是其代表着温带的结束而极地环境的开始。

位于这个纬度上，一艘船可以在南大洋随意航行而不会碰到陆地，因为这里根本没有陆地。没有任何东西可以阻挡如极地的飓风般强劲的顺时针气流。在辐合带以南是世界

↓海浪冲击着搁浅在南极圈以北600千米处Laurie岛边的冰山。Laurie岛被冰山覆盖着，实在是过于寒冷和荒凉，根本没有人类能够长期生活在那里。暴风和崎岖的海岸使得即使只是靠近都非常危险。

上暴风最激烈的地带，可以掀起如山般的海浪和形成黑暗恐怖的天空。在船上，任何人都会觉得这里是世界上环境最险恶的地方，而事实也差不多正是如此。

上升而来

在南极洲附近的海洋中，水流极为复杂。除了东西向水流外，还有从海底往海面的水流。这种"上升流"会从海床带来营养丰富的混合物质，是浮游藻类生长所需的养分。正是这种无尽的天然养料，使得南大洋成为世界上最为肥沃的海中栖息地之一。

每年春天，这些藻类植物会迅速生长，就像青草染绿了地面。在海中，

没有成群的食草动物食用海生植物，但是生活着数量惊人的磷虾。这种小小的甲壳动物只有手指那么大，但是每个磷虾群大约可以重达 1000 万吨。在春季和夏季，磷虾滤食浮游藻类，并且将之转换成富含蛋白质的食物。在秋季和冬季，当这些藻类都死亡后，磷虾潜到海底，以上层水域沉积下来的残骸为食。

过滤捕食

对于南极洲的海洋生物来说，磷虾群是取之不尽的食物来源。小鱼、鱿鱼和企鹅等都是一只接一只地捕食磷虾的，但是一些大型的捕食者则是一次吃进许多。这些大型

↑磷虾通常是朝同一个方向行进的，就像鱼群那样。照片中的这些磷虾生活在南极洲研究站的一个水槽中。被关在这个狭小的空间里，它们感到很困惑，正在试图找到逃生的道路。

捕食者中有一种叫作食蟹海豹，虽然名字如此，但是它主要还是以磷虾为食的。食蟹海豹常常一口就吸进大量的磷虾，并从锯齿状的牙齿缝里将水沥出。每吃一口，食蟹海豹会吞下大约 8 千克的磷虾，这是大多数人一天进食量的 5 倍。总计起来，

所有食蟹海豹一年大约能吞下6000万吨磷虾,是南大洋中最主要的磷虾捕食者。

磷虾也是豹斑海豹的最爱。豹斑海豹非常凶残,游泳速度极快,也捕食企鹅,其后牙有3个尖尖的凸起,或者像匕首一样使用,或者靠在一起来筛食磷虾。但是就单次的磷虾消费量而言,南大洋的须鲸当列榜首。须鲸中有世界上最大的鲸类,喉部向下都有很深的纵向凹槽。当须鲸攻击一群磷虾时,它就将嘴张开在磷虾群中游过,凹槽扩张,使得其喉咙膨胀得像一个气球,然后鲸将嘴合上,将水沥出,一次便吞下1吨左右的磷虾。

直到20世纪,蓝鲸和须鲸的磷虾食用量仍占南大洋磷虾消费量的很大部分。但是当北半球鲸的数量开始萎缩时,越来越多的捕鲸船开始出没在南极洲水域。捕捉到的鲸不是在像南乔治亚岛这样的孤岛上直接进行加工,就是在专门设计的可以在海上待上几个月的工厂型船上进行加工。须鲸是主要的捕捉对象,并且每年有2.9万多头蓝鲸被捕杀。今天,整个南大洋是鲸类的禁猎区,但是因为它们繁殖速度很慢,所以需要很多年以后它们才能再次达到曾

↓豹斑海豹可以将小企鹅整个吞下,但是如果是个体较大的企鹅,则需要先将其撕开后食用。这只海豹抓住了一只阿德兰企鹅——少数在冰上繁殖的企鹅种类之一。

↑在南半球的春季到来时,鲸便开始向南极洲方向迁徙,那时候,缩小的冰面能让它们更容易找到食物。这些驼背鲸摄于澳大利亚海岸附近,每天可以游行200千米。

经的数量。

危险的海岸

南极洲的海岸与地球上其他地区的海岸不同，只有5%的海岸线是

南极洲四周包围着一层浮动的海冰，而且范围不断扩大，每天可以向北延展4000米之远。因为海冰是由海水形成的，所以厚度一般只有几米。但是，从深冬到第二年春季温暖到来之前，其覆盖的面积可以达到整个南极洲面积的4倍。

对于一些南极洲动物来说，浮冰是很好的休息之地，但是对于生活在海岸边的动物而言，冰可以带来危险，尤其是当冰层移动的时候。海冰随着海浪上下，将较低岩石上的动物带到海中，在海床泥层中刮起深深的沟痕。冰山可以造成更大的危害——尤其是当风和水浪将之推回岸边的时候。为了避免被擦伤或者压伤，帽贝和其他生活在岸边的动物常常在秋季的时候迁徙到较深的水域中，春季时再搬回较浅的水域生活。

缺席父母

南极洲附近生活着40多种鸟类，但是它们很少在南极洲大陆上繁殖。相反，它们都把巢安在南大洋的岛上，其中包括世界

↑在南极洲海岸下，动物通常都生长得很慢，生命周期很长。这些羽状海葵已经生存了20几年了，状况仍然良好。而有些帽贝可以活上一个世纪甚至更长。

上最为偏远的岛屿。布维岛是最孤独的一座岛，离其最近的陆地是南极洲大陆东海岸，大约相距1600千米。这个常年受到暴风雨摧残的小岛几乎没有人类涉足。但是在如此辽阔的海域和如此稀缺的陆地资源的条件下，它还是成为一些信天翁——世界上最大的海鸟的避难之所。

信天翁长得像大型的海鸥，但是它们在很远的海上捕食，可以滑翔好几天，从浪尖上抓起海里的水母。这种鸟的寿命很长，与其他鸟类相比，繁殖速度比较慢。信天翁每次只

裸露的岩石，其余部分都覆盖着冰架，缓缓地延伸到海洋中。堆积着几千年冰雪的冰川使冰架不断增大，越来越向海上突出，高达200米的冰架便漂浮到了海上。最后，巨大的冰块从冰架边上裂开，形成迄今为止世界上最大的漂浮冰山。

从秋季初期开始，

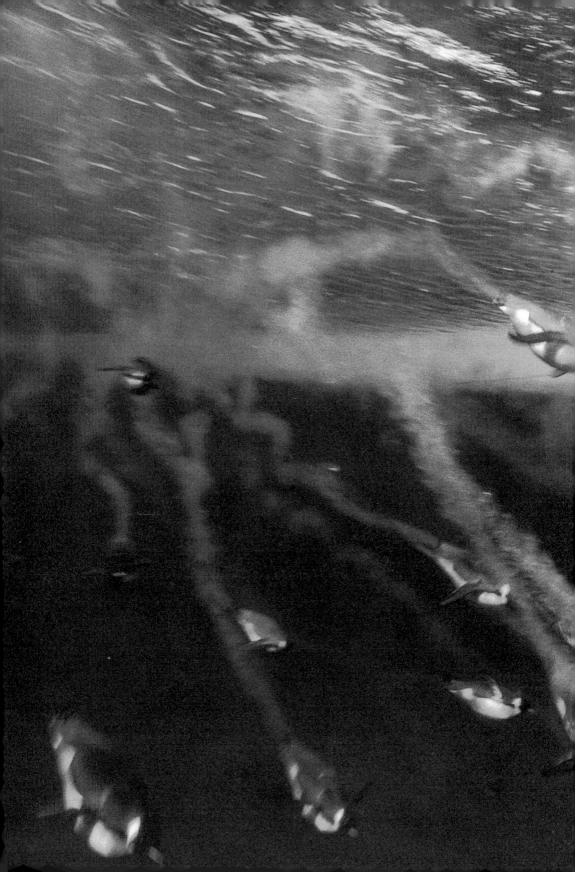

企鹅在陆地上总是显得那么笨拙，但是它们却是优雅的游泳高手。通过拍动它们粗短的翅膀，企鹅可以在水中飞速前行。这些帝企鹅的最大游泳速度可以达到每小时 30 千米。它们可以潜入 250 米深的水中，可以在水下呆 20 分钟之久。像所有企鹅一样，帝企鹅有着子弹一样的外形，可以帮助它们在海洋中疾行。

抚养一只幼鸟，常常飞行到 3000 千米以外后才带着食物返巢。神奇的是，它们的幼鸟会很耐心地等待，而父母也从来没有迷路回不了家的时候。

在冰上繁殖

南极洲的岛上因为风力太大而不适合树的生长，最高的植物是一些有顽强生命力的成簇草类，有的能长到齐腰的高度。成簇的银须草为蜘蛛和昆虫以及从船上逃下来的老鼠提供了庇护所。在一些岛上，比如凯尔盖朗群岛，老鼠已经成为需要关注的问题，因为它们食用鸟蛋和破坏鸟巢。科学家们在试图找出减少这些入侵者数量的方法，以给鸟类创造一个繁殖后代的良好环境。银须草也生长在南极洲半岛上。南极洲半岛是南极洲向南美方向突出的部分，半岛的最突出部分就像是南极洲的佛罗里达州，因为这里的气候环境比南部要温和得多。很多在南极考察的科学家就在这里安营扎寨，几乎所有的南极洲陆生动

↑ 在南极洲附近生活着 6 个不同种类的信天翁。图中是一只黑眉信天翁，有时能向北一刻不停地飞到澳大利亚。

物也在这里生活。但是与南极洲那些喜欢生活在海里的动物相比，陆生动物的体型就显得太小了，最大的陆生食肉动物是一种食腐的小虫，只有几毫米长。

海燕和企鹅

在南极洲大陆上，生活在最南部的主要有两种海鸟。海燕一般在岸边进食，但是雪海燕和南极海燕却能够在远离海岸 250 千米处的内陆悬崖裂缝上

物种档案

南极贼鸥：学名 Catharacta antarctica

只要有企鹅繁殖的地方，南极贼鸥就不会离得太远。这些凶残的鸟类偷食企鹅蛋，甚至即将孵化的小企鹅也会被它们毫不犹豫地吃下。此外，它们也食用尸体残骸，用它们弯曲的鸟喙把海豹甚至鲸的尸体撕开。南极贼鸥常常在企鹅生活地的附近繁殖，无论谁靠近其鸟巢，它们都会展开进攻。整个冬季，它们都在南太平洋海域生活，直到春季才回到南极洲上。

筑巢。这些隐蔽处可以保护海燕的卵和雏鸟不受南极寒风的威胁，但是卵和雏鸟仍然需要绝对的防寒才能生存下来。

相反的是，南极洲上最大的鸟类在狂风扫荡的冰面上繁殖，不需要任何庇护，它们就是帝企鹅。帝企鹅绝对是世界上所向无敌的保暖高手。在这种温度再加上寒风凛冽，这里比地球上任何一个天然栖息地都要寒冷。但是，帝企鹅就是具有这样一种神奇的忍耐能力。对于雄性企鹅而言，需要照顾的不仅是自己，还有自己的后代：整个冬季，它们都承担着保护和孵化后代的重任，雄性企鹅将卵放入双脚形成的"巢"中，用腹部的皮毛向下覆盖形成温暖舒适的"育儿袋"。

大部分鸟类在春季产卵，但是帝企鹅却是相反——雌性帝企鹅在秋季产卵，然后便游入海中。这看起来似乎没有选好时机，但是帝企鹅的卵需要孵2个月，雏鸟还需要4个月才能成熟。秋季产卵可以保证后代能够在一年中最好的季节——南极洲的春季——离家生活。

↑信天翁的雏鸟在被母亲抚养9个月（鸟类中的最长时间纪录）后才离开鸟巢。在最初的几个星期，母亲会在其身边一刻不离。之后，雏鸟就需要孤单地呆在鸟巢中。

整个黑暗的冬季，雄性帝企鹅会留在冰面上，而它们的配偶则在海中觅食。通过挤靠在一起，它们可以在−50℃的环境下生存，

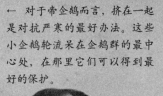
← 对于帝企鹅而言，挤在一起是对抗严寒的最好办法。这些小企鹅轮流呆在企鹅群的最中心处，在那里它们可以得到最好的保护。

沙漠

沙漠覆盖了几乎1/3的地表，是地球上面积最大的野生生物栖息地。沙漠野生生物的分布很稀疏，但这有利于它们应付极端的气温和苛刻的环境条件。

↑在沙漠中，裸露的岩石常常被风雕蚀出各种奇怪的形状。风会将砂石和沙子卷起，狠狠地砸向挡在其前行道路上的任何东西。

世界上的大部分沙漠分布在亚热带地区，在那里，被称为"反气旋"的强大的干燥气流常常停留几个月之久。沙漠也分布在潮气不能到达的其他一些地区——有些是因为离海洋的距离太远，而有些是因为高山挡住了含水气流的到来。虽然，大部分沙漠都是炎热而干燥的，但是也有些沙漠是寒冷的，且偶有暴风也能带来降水。

多变的气候

1991年6月，一场风暴席卷了智利的安托法加斯塔港，毁坏了大量房屋和道路。这场风暴之所以如此引人注意是因为安托法加斯塔位于阿塔卡马沙漠——可以说是世界上最干燥的地方。在这块位于太平洋和安第斯山脉之间的条形地带，年均降水量只有0.1毫米。在这里，降水如果要装满一个咖啡杯，则需要100年。当地的每一滴饮用水都通过管道或者交通工具运送而来。

沙漠中的倾盆大雨被称为"山洪暴发"，这也是为什么生物不容易在沙漠中生存的原因之一。

在沙漠中，干旱是日常生活中的现实问题，

而当大雨降临时，结果则又是极具戏剧性和危险性的。另一个问题是风，它可以在地面上刮起锋利的粗砂或者将大量的黄沙扬到空中。再加上炎日的骄阳和夜晚的寒冷，沙漠对于任何生物而言都是极端艰苦的生活环境。

生命的水库

阿塔卡马沙漠的部分地区极端干燥，完全没有生物。但在有些沙漠中，会有足够的水分使得一些特殊的植物得以生存下来：每年 5 毫米的降水量就足以使稀疏抗旱的植物生存下来，而若是年降水量为 15 厘米，则还可以长

↓非洲纳米比沙漠中的这些巨型沙丘是世界上最高的沙丘之一。在纳米比，海风使沙一直处于移动状态，沙丘也就像缓慢的海浪一样慢慢向着内陆爬行。

出较高的灌木丛，当一片沙漠上的年降水量达到 25 厘米时，沙漠也就慢慢地转换成灌木地，可以有多种植物生存。

植物是沙漠生物的关键，因为没有了它们，动物也就没有了食物。沙漠植物种类多样，但是就抗旱能力而言，没有哪种植物可以与仙人掌相抗衡。最大的仙人掌被称为巨人柱，可以达到 10 米高，它们长长的茎部就像是可扩张的蓄水池，内含的水分可以填满好几个浴缸。像

↑从飞机上看，一场暴风雨过后，水流涌过澳大利亚辛普森沙漠。这样突然而至的倾盆大雨可以冲毁大面积的土地，而水只是留在地表，很快就蒸发殆尽了。

↓在北美洲的莫哈韦沙漠，春雨过后出现了壮观的花开景色。几个星期后，所有的花都会消失掉，整株植物也会死去。

所有植物一样，这种巨型仙人掌通过微小的气孔呼吸，但是它们的呼吸是在沙漠凉爽的晚上进行的，这样就可以防止过多的水分被蒸发出去。

一些沙漠树类和灌木有着长得难以置信的根部，可以从很深的地下吸收水分，比如在美国亚利桑那州，矿工们发现一棵牧豆树的根伸到了地下 50 米的深处。但是仙人掌的根不同，它们只是将根大面积地排布在地表浅层，这样在降雨时，仙人掌就

↓梅氏更格卢鼠的一生中不需饮用一滴水。事实上，它们也需要水分，就像其他动物一样，但它们可以从食物中获取身体所需的所有水分。

着它们一直都需要有足够的水分。这些动物处理水源的认真程度不亚于银行里的收银员。无论何时何地，它们都在收集水分，并且确保没有任何浪费。

　　一些沙漠动物拥有不可思议的技能——它们可以在完全不用喝水的情况下存活。这种技能并不罕见，比如钻木虫一直都处于这种状态。此外，在沙漠中，不用喝水就能存活的动物中还包括哺乳动物，一般而言这类动物是需要大量流质才能生存的。

发现它们的生存秘密：首先，它们在进食的时候顺便摄取了一定的湿气，这个过程足以提供其所需水分的 1/10，而剩余的 9/10 来自于一种非同一般的方式——它们在消化食物的过程中利用一种化学反应来形成水。这种水被称为代谢水分，很多动物都是将之排出体外的，但是梅氏更格卢鼠将之全部利用起来。这就解释了为什么它们可以在其他动物都会因干渴而死亡的地方存活下来。

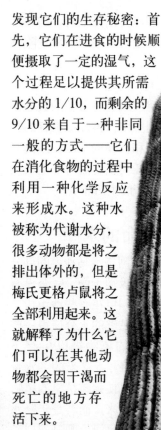

能第一时间获得水分了。

　　由于仙人掌可以如此含水者

　　穴居两栖类动物生活在世界上很多沙漠地方，这种生活方式使得它们很难被找到。有些沙漠动物全年都很活跃，这就意味

产水者

　　产水者中包括梅氏更格卢鼠——产于北美洲的一种沙漠啮齿动物，以植物的种子为食。这种动物在圈养条件下也很容易生存，因此科学家们得以

储水者

　　在沙漠中，动物可以通过各种神奇的方法储藏水分。沙漠大象可以在干涸的河床上找到水源所在——可能是利用嗅觉，并挖出几米深的坑后找到。

← 世界上有2000多种仙人掌，而树形仙人掌是其中体型最大、寿命最长的种类之一。储存在一株树形仙人掌中的水分可以超过1吨重。

↑在北非、中东和中亚地区，骆驼被用来提供奶、肉和肉粉的历史已经至少有4000年了。

沙鸡可以飞行很远找到水坑所在，并且长途跋涉地将水运回巢去供应给自己的幼鸟。沙鸡会涉入水中直至齐胸深，利用其胸上的羽毛像海绵一样吸收水分。在纳米比沙漠以及阿塔卡马沙漠的一些地区，一些昆虫和蜥蜴通过喝雾水来满足对水分的需要，它们利用自己的身体，像收集露珠一样收集雾水。

当一些沙漠动物真正找到水源时，它们通常都是将水储存起来，这样可以帮助自己熬过干旱季节。这些"活储水器"包括生活在沙漠中的羚羊，比如南非大羚羊和两种

骆驼。阿拉伯骆驼或者说单峰驼可以一次喝入60升水，而双峰驼则据说可以一次喝入110升的水，这些水足以灌满两辆普通家用小汽车的油箱了。

夜行动物

在骆驼还是沙漠上唯一的运输工具的时候，人们常常在晚上行进，因为在沙漠中晚上通常比白天要舒适。一旦太阳下山，地面会迅速降温，在无云的天空下，空气也变得很凉爽。沙漠动物也利用了这种温度变化，很多都喜欢在夜间行动。这些夜间活动的动物包括几乎所有小型的和中型的哺乳动物——从沙鼠到长耳大野兔，鼬及很鼬食肉动物，比如山狗和身材秀美的狐。狐一般是通过它们奇大的耳朵来发现猎物的，

↑这只聊狐的耳朵非常灵敏，即使一只甲虫在几米远的地方爬行，它都能听到。聊狐是体型最小的犬科动物，昆虫是其重要的食物之一。

而山狗则不仅有灵敏的听力，还有很好的视力和精准的嗅觉。

沙漠中还生活着响尾蛇和其他种类的毒蛇，它们通过感应热量来寻找猎物。这些蛇类的每一只眼睛和鼻孔之间都有一个凹陷部位，它们可以借助这

↑对于带有热感应器的蛇类而言，夜晚是捕猎的最佳时间。在沙漠晴朗的天空下，地面会迅速降温。因此，夜晚时的热血猎物会比在白天更为清晰地被探测到。

个部位来发现温度高于周围环境的事物。这个凹陷部位可以感应出 0.2℃ 的温差，因此对于这些蛇来说，热血的鸟类和哺乳动物就像是黑夜中的灯塔一样显眼。

因为这些热感应器官是成对出现的，蛇可以锁定猎物并且准确出击。如果一条毒蛇被蒙上眼睛，它会冲向一杯热水，这正显示了热量是如何指引蛇类的前行方向的。

冬季的沙漠

世界上只有少数几个沙漠是全年高温，很多沙漠都有凉爽时节，有些甚至还有着相当寒冷的冬季。在中亚的戈壁沙漠中，冬季的气温可以降到 −30℃，但是不会形成降雪，因为此时也是戈壁沙漠全年最干旱的时候。寒风可以使得此时的沙漠之行变得危险，而酷寒的天气意味着此时是不可能找到水的。北美洲的大盆地沙漠也可以出现这样的寒冷天气，而会出现霜的死亡峡谷的最低温度也不过是 −9℃。

对于冷血动物，比如龟、蜥蜴和蛇等，冬季不是活动时节，它们常常只是躲藏在地下洞穴中。它们的体温会降低，代谢减缓，这样方可以在无需进食的情况下存活几个月之久。昆虫也采取相同的方法，只是很多昆虫在冬季时尚未成为成虫，而是抗寒能力强的虫卵。一些沙漠哺乳动物开始冬眠，而其他一

↓对于戈壁沙漠的双峰驼而言，换毛是其生活的重要部分。图中左边的骆驼还带着冬季的皮毛，而右边这头骆驼已经准备好了迎接春天的到来。

↑ 在寒冷的沙漠中，有时能形成降雪。但是，如果空气很干燥，则雪可以不经融化而直接蒸发，因此很少有水分能够进入到地下。

些则转到地下活动，食用自己储藏下来的食物——在戈壁沙漠中，沙鼠是这方面的专家，每个沙鼠家庭能够储藏 50 千克的植物根和种子。如果要在地面上活动，则需要采取很多应对措施，比如长出暖和的过冬的"外衣"。当春季来临的时候，双峰驼的冬毛会大块掉落，使得整头骆驼看上去似乎被分解了。

沙漠中的鸟类会迁徙到温暖的地方，但是有一个北美种类的

物种档案

蹼足壁虎：学名 Palmatogecko rangei

壁虎是攀爬专家，一些可以在窗户上爬行，有些则可以在房顶上倒着身体飞速爬行。但是图中的壁虎生活在沙漠地区的沙丘里。它们的脚趾间长有蹼，就像是小型雪靴一样，可以防止其陷入沙中。蹼足壁虎生活在非洲西南地区，主要以昆虫和其他小型动物为食。

鸟——弱夜鹰，则有着独特的生存技巧：有时，它们爬进岩石缝中，一睡便是几个星期。由于休眠的弱夜鹰躲藏得非常好，因此，直到 1946 年人类才第一次发现它们。至今，人类也只发现过极少数量的弱夜鹰，它们仍是目前世界上唯一所知的冬眠鸟类。

草原和稀树草原

辽阔的草原和稀树草原是传统的野生动植物居住地，点缀着零星的树木和水塘，它们也是人类生命最早出现的地方。

世界上的草原和一些稀树草原的气候处于"中间"状态——对于森林来说太干，对于沙漠来说又过于潮湿。草原主要分布在地球上比较凉爽的地区，但是稀树草原则主要分布在热带地区。这两种栖息地中生活着大量的食草动物——从白蚁和蚱蜢到陆地最大的哺乳动物。

成功的秘诀

草可能看上去不起眼，但是它们却是世界上最不容易被毁灭的植物。即使被折断、被啃咬、被践踏，它们都能生存下来。甚至被烧尽，它们也能"死而复生"。这就解释了为什么草适合用来铺成草坪和足球场，以及为什么在地球上的一些地方会整个被草所覆盖。

这种令人吃惊的坚韧力量之秘密在于草的生长方式。与其他种类的植物不同，草贴着地面，它们的茎是中空的，而且有节将其从顶到底分成多段。在每一个节点都长有一片叶子，这里也是细胞迅速分裂的区域。

大部分植物的生长区域只位于茎的顶部，这就

← 鬣刺草是极为干旱的澳洲红色中心地区常见的景观。由于每棵草都向外部生长，最内部的草会死去，所以形成一个草圈。

石显示，它们最早出现在至少 6000 万年之前。照这样看来，最早的草正是出现在恐龙称霸地球的时候。在这些远古时代，地球上还没有形成草地和草原，草也许只是在热带森林的边缘地区零星夹杂生长在其他种类的植物间。

但是在恐龙灭绝后，草地的覆盖面越来越广，直至它们成为世界上发展最为成功的植物之一。

这种变化的发生，一定程度上是因为地球气候变得越来越干燥。但是，更为重要的原因是那时进化出了大型的、植食性哺乳动物。这些动物有专门

↑黑斑羚是在非洲草原上分布最广的食草羚羊，也是世界上奔跑速度最快的动物之一——它们全速奔跑时，每一下可以跳出 9 米之远。

↑草花是由风来授粉的。这些毛草草的头状花张开后就可以将花粉释放到空中。

↓在草的海洋里，一群角马正徜徉在坦桑尼亚和肯尼亚之间的平原上。雨季刚刚过去，草原还是一片葱绿。

意味着如果这个部位被动物吃掉的话，植物就会停止生长。但是草就不同，它们即使被吃得只剩下根，也能很快重新生长。除了朝上生长，草还会同时向四周扩张。

草和食草动物

科学家并不知道世界上最早的草确切是从什么时候开始出现的。花粉化

↓长颈鹿在食用树上的叶子，但是雄性和雌性的进食方式不同。雄性长颈鹿喜欢食用树顶部的叶子，而雌性长颈鹿则弯下脖子食用近地面的叶子。

用来咀嚼它们的食物的牙齿和用来将植物的茎踩倒的坚硬的蹄子。很多植物都经不住上述这些"摧残"，但是草却可以。正是这些食草动物，使得草从热带地区蔓延，并形成了今天辽阔的草原。

世界上的草原

直到 200 年前，每个大陆上（除了南极洲大陆）都分布着大块的草原。每一片草原上都有其自己独特种类的哺乳动物——在北美洲，大草原上生活着美洲野牛和叉角羚，而南美洲大草原上则生活着大量食草啮齿动物和大群的鹿。

欧洲和亚洲草原上生活着野马，这里也是野马最早出现的地方。但是澳大利亚比较特别，因为在其草原上生活的不是有蹄哺乳动物，而是袋鼠等。

物种档案

美洲野牛：学名 Bison bison

直到 200 年之前，美洲野牛一直是北美洲草地上最为常见的大型动物。它们的数量几乎在 1 亿头左右，当地的土著印第安人是依靠这种动物为生的。但是随着欧洲狩猎者和开垦者的到来，这里的美洲野牛的数量急剧下降——今天，大约只剩下 5000 头左右。大部分幸存者生活在黄石国家公园中。

非洲草原仍然生活着世界上群落数量最大的食草动物。在 1888 年，南非定居者遇到了正在一望无际的草原上迁徙、史上罕见的巨大数量的跳羚，其数量至少有 1000 万头——它们全都以草为食。

行进中的哺乳动物

如今，地球上的草原

已经发生了很大的变化。在 19 世纪期间和 20 世纪早期，水牛和跳羚遭到大量捕杀，以致它们几乎灭种（幸运的是，在这两个物种真正快灭绝前，捕猎被停止了下来）。在很多草原上，野生哺乳动物被牛、羊挤了出去，而有些草原则被开垦，用于种植粮食。尽管发生了这些变化，天然的草原仍然存在着，它们是一些最壮观的大型野生动物生活的地方。

在非洲东部的塞伦盖蒂和马赛－马拉国家公园里，可以看到令人难忘的景象。在那里，在大裂谷河谷边上，大群混合的草原哺乳动物全年进行着迁徙，以寻找新鲜的食物。这些动物中包括 100 多万头的角马、大约 45 万头的瞪羚和 20 万匹斑马，它

↑没有什么动物可以跑得过猎豹，但是速度并不是制胜的唯一条件。瞪羚在奔跑时可以急速改变方向，而猎豹则很难跟上这种变化。

们都随着季节的变化而迁徙。它们在雨季开始的时候来到开阔的草原上，而在干旱季节则进入稀树大草原。没有什么阻挡它们前行的脚步，它们可以到任何自己想去的地方——就像几百年前的草原动物一样。

团结在一起

对于食草动物而言，草原是生活的理想居所，因为到处都是食物。但是，这也有一些明显的缺陷，比如几乎没有可以藏身的地方。猎食动物可以从很远就看到食草动物，食草动物唯一的办法就只能是逃跑。几百万年来，食草哺乳动物已经进化出了强壮的四肢，这可以增加它们逃生的概率。此外，它们也形成了群居的习惯，因为这样可以实施一种很好的预警系统。在一个群中，很多眼睛和耳朵都警惕着周遭的环境，当一些在进食的时候，另一些则观察着地平线上的状况，如果有成员发现了危险的来临，整个群都可以及时逃跑。

如果食草动物每次都是一看到危险就立即逃命的话，它们会在几天内就精疲力竭而死。因此，它们会根据所遇到的危险的不同而做出相应的调整。

↓在雨季结束的时候，斑马很容易找到食物。而此后，生活就开始变得艰难了，因为草开始变黄变干。

↑图中这头母角马似乎与其正在出生的小角马毫不相关。与很多幼年哺乳动物相比，小角马在初生阶段发育非常良好。

比如，它们会让一头狮子靠近到200米的范围内——这看上去似乎太过大意了，但是瞪羚本能地知道狮子是依靠偷袭捕猎的，所以，如果一头狮子显眼地出现在它们的视线里，其很有可能只是在侦查而不是准备捕猎。猎豹则显得更为危险，因为它们依靠速度而不是靠突然地惊吓捕猎。如果瞪羚看到一头猎豹，即使尚在500米开外，它们也会立即奔命。事实上，500米的确是其成功逃脱追捕的最小距离了。

濒危的大型动物

大型食草动物，比如犀牛和大象，它们有着自己的一套办法。一般情况下，它们也会在危险来临时选择逃走，但是有时候，它们会坚守自己的阵地，甚至主动发起进攻。这种进攻可能只是一种警告，或者其也会演化成一场真正的攻击。这两种情况没有明显的界线，因此通常有经验的导游和追踪者会很谨慎地对待这些动物。

大象和犀牛都是"近视眼患者"，它们主要是通过敏锐的嗅觉来发现危机。不幸的是，当对手是带枪的人类时，嗅觉根本不足以防卫。在过去的30年中，大量非洲象和犀牛被非法屠杀，为的只是它们的牙齿或者角。

如今，非洲白犀牛的数量正在渐渐恢复，这都是得益于非洲国家公园内实施的繁殖计划。但是黑犀牛则面临着严重的危机，野生黑犀牛可能很快就将陷入灭绝的境地。对于非洲象而言，状况就更为复杂了——虽然在数量上仍然有好几千头，但是正在急剧下滑，而它们的栖息地更是一年一年地在萎缩。一些自然保护主义者认为保护非洲象的最好办法是对偷猎者采取更为严酷的惩罚措施。而另一些人则认为，象牙交易应当被合法化，这样大象反而能勉强维持下去。

快速孕育

面对奔跑快速，并整日寻找易于获取的食物的猎食动物，在草原上生产成了件危险的事情。同时，对生于此时的幼仔来说，草原更是是非之地。在非洲草原上，很多羚羊都转移生活到了浓密的灌木丛中，那里它们可以比较安全地产下后代。生完小羚羊后，母亲就离其而去，只是每天会回去看望4次，但是在每次进食之间，这些小羚羊仍然是蜷缩着，静静地待着。此时，小羚羊的体味腺是闭合的，这样就使得猎食动物不能发现其踪迹，而且即使有人在仅仅几米远的地方走动，小羚羊也不会制造任何动静。

对于角马而言，生活是以一种完全不同的方式开始的。母角马不会找个地方躲起来，而是在旷野上生产，动作非常之快。初生的小角马一般 3 分钟后即能站立，它会跟随其看到的第一样运动的东西——一般便是其母亲。1 个小时以后，母子俩便能跟着角马群小跑了。这种快速孕育方式意味着角马群可以继续前进寻食，这也正是在开阔的草原上生活所需要的最根本的能力。

但是，上述这种生产方式是非常危险的，因为母角马和小角马完全处于猎食动物的视线范围内。为了减少危机，在两个星期的时间里，有几千头母角马会产出小角马，这样就不会有哪一对母子成为猎食动物的唯一目标。神奇的是，一头待产的母角马如果遇到危险，它可以推迟分娩时间。

安居地下

草地上没有可以藏身的地方，但是地下却有不少，那里是穴居动物的避难所。穴居动物用它们的爪子或者牙齿在地下为自己刨挖出安乐窝。草地之所以是穴居动物的最佳居住地，那是因为草根会将泥土牢牢固定起来，可以防止洞穴的坍塌。

在大面积的草地被开垦之前，一些穴居动物的活动范围相当之广。在美国得克萨斯州的西部地区，仅一个"草原土拨鼠镇"上就生活着大约 4 亿只草原土拨鼠，分布在几乎是新西兰两倍的土地面积上。经过无数代的进化，这些勤奋的草原土拨鼠已经挖出了 10 亿米的渠道，下有草铺的腔室，上有火山型的入口。这些小镇住客可以分成不同的区域，以小群体的形式（被称为"圈"）居住，每个圈

↓趁着父母在进食，年幼的草原土拨鼠就借机玩耍起来。对于草原土拨鼠而言，"接吻"是关系亲近的标志——这也是"草原土拨鼠镇"生活的重要部分。

物种档案

穴鸮，学名 Athene cunicularia

世界上大部分猫头鹰都是在树上安家的，但是一种称为"穴鸮"的猫头鹰却是居住在草原上，那里几乎没有树，或者树之间的间隔非常之大。它们会在其他动物遗弃的洞穴中安家，如果找不到的话，也会自己挖个洞。鸮很长时间都是呆在自己的洞穴入口，看上去就像是站岗的卫兵。

都会有它们自己的一组洞穴。它们邻里之间保持着良好的关系——除非是出现侵犯邻里居穴的情况。

随着土地开垦面积的不断扩大，北美草原土拨鼠的数量急剧下降。"草原土拨鼠镇"还存在着，但已经没有昔日的辉煌了。在有些地方，草原土拨鼠仍然被作为一种有害动物而被猎杀，但是有些动物保护主义者则已经提出，应当帮助这种动物。他们相信，草原土拨鼠事实上对草原是有利的，因为它们的进食和挖穴过程可以帮助草地施肥鄂。

有一点是毋庸置疑的：草原土拨鼠的洞穴中

在非洲草原的干旱季节里，水塘吸引着大量的野生动物。大象可以安全地饮水，但是羚羊则需要时时保持警惕，因为水池边是食肉动物发起突然袭击的上选之地。正是因为存在着这样的危险，羚羊通常都是快速喝完水后立即离开。

还居住着其他种类的动物，其中包括穴、蛇和植株，以及黑足貂——北美非常稀有的一种猎食动物，只生活在"草原土拨鼠"镇。自从被认为是一种有害动物，这种动物就被带到了其他地区，但在那些地方它们已经灭绝了。

食昆虫者

草原土拨鼠的洞穴大约宽15厘米，因此只有身材修长的捕食者才能进入其中。但是在非洲，一种体型较大的穴居动物的洞口宽度可以达到1米。

这样大的洞穴足以使一个人爬入其中，可以对拖拉机或者远行的吉普车队造成很大的威胁。挖掘出这些地下居所的动物正是土豚——一种以白蚁和蚂蚁为食的大型哺乳动物。这种外形像猪的动物在夜晚进食，可以用其铲形的爪子一直伸入白蚁穴中。土豚是世界上挖掘速度最快的动物之一，可以比一队配有铁锹的工人工作得更快。在南美洲，还有一种大型的食蚁兽，像一台有力的打洞机，虽然其并不是在地下打洞。食蚁兽的前爪可以像铁镐一样运作，轻易地将由晒干

↑在突然而至的声音惊扰下，一群相思鹦鹉飞到了空中。在野外，相思鹦鹉像其他鸟类一样机警，与人类的界限非常分明。

的泥土堆成的蚁穴挖开。

对于这两种大型动物而言，一只一只地吃蚁根本不能满足它们的胃口，它们用自己超长并有黏性的舌头直接将食物大量舔起。通过这种技术，一只大型食蚁兽每天可以吃下3万只蚂蚁或者白蚁。

草原上的流浪者

在草原上，草随处可见，但是其营养价值低而且难以消

化。所以，食草动物需要在进食上花费很多时间以保证足够的营养。草子相反，满是花粉和富含能量的淀粉，而且很容易消化。这就是为什么人类食用人工栽培的草子或者谷类，也正是为什么那么多野生动物以草子为食的原因。在澳大利亚内地，相思鹦鹉最善于食用草子。作为一种笼养鸟类，相思鹦鹉一般都是单独生活的，但野生的相思鹦鹉（通常是绿色的和黄色的）通常成百上千地一起生活。它们已经适应了干燥的草原生活环境，在那里，通常要飞行几百千米才能找到食物所在。为了在这种环境下生存，相思鹦鹉到处"流浪"。一旦它们吃完了一个地方的大部分草子，它们就要迁徙到其他地方生活。相思鹦鹉在树洞中安家，没有固定的繁殖季节，只是在雨后产卵。

在非洲，一种被称为"红嘴奎利亚雀"的小型雀类的生活方式与相思鹦鹉基本相同。但是，其每个群的成员数量可以达到100万只，就像是灰色的烟雾一样黑压压地飞过草原。有时，红嘴奎利亚雀在农田上繁衍，这对于农

↑这头土豚在离穴觅食时，被远程控制的闪光摄影器抓拍到。

民而言是个坏消息，因为100万只雀可以在一天中吞食下60吨粮食。

物种档案

蜾蠃：学名 Sceliphron

蜾蠃在草原和干燥的地方非常常见，在那里它们捕捉毛虫为食。当一只蜾蠃发现了毛虫后，它会用刺使之瘫痪，然后将之拖回罐形的窝中。随后在里面产卵，并且密封泥罐。如此，蜾蠃的幼虫孵化出来时可以以这条毛虫为食。

地面上的生活

相思鹦鹉和红嘴奎利亚雀体型小、飞行速度快，这也正是这两个物种成功生存的原因所在。但是草地上也生活着不能飞行的大型鸟类，包括来自南美洲的两种美洲鸵、澳大利亚鸸鹋，以及非洲鸵

↓在澳大利亚，罗盘白蚁可以建造出扁平的蚁穴，一般都是南北朝向。蚁穴两面可以在日出和日落时吸收太阳的热量，而正午时则可以保持凉爽。

物种档案

猴面包树：学名 Adansonia digitata

　　猴面包树有着粗壮的树干和象灰色的树枝，是非洲最为独特的树种之一。其生活在干燥的稀树大草原上，树干就像是一个巨大的储水库，可以帮助其度过干旱的季节。树干中含有的水分常常会吸引大象的到来，它们将象牙凿入树干。经得起大象的这番折腾的猴面包树可以活到千年之久。

↑当美洲鸵繁育后代的时候，雄性承担起孵卵和照看幼鸟的任务。在非洲草原上，鸵鸟也是按照上述分工的。

鸟——世界上最大的不会飞行的鸟类。就像食草哺乳动物一样，这些鸟类依靠敏锐的感官和能够快速奔跑的腿。它们的主要食物是种子，但是有时也吃昆虫和一些小型动物。

　　这些大型鸟类在过去的一个世纪中有悲有喜：美洲鸵和非洲鸵鸟已经不像以前那么常见了，分布范围更是大大缩小了；相反，鸸鹋的数量却比草地开垦之前大大增加了。在20世纪30年代，澳大利亚西部的鸸鹋数量多到甚至需要政府动用军队来进行控制的程度。尽管军队使用了机关枪扫射，还

↑有时，想要得到自己最喜欢的食物就需要付出额外的努力。这头雄象后腿起立起来，几乎可以达到长颈鹿能够达到的高度。

是没能将鸸鹋的数量降下来。今天，已经采用了专门防卫鸸鹋的网篱。

不断转化的平衡

即使不受人类活动的影响，草原上的野生物也需要适应各种变化。只要气候稍稍变湿，树就找到了立足之地，将草原变成了稀树草原。但是，如果气候稍稍变干，火就会将树燃烧殆尽，给了草类蔓延生长的机会。这就像是两种栖息地之间的持久战，双方都试图占据上风。

在非洲，大象在这种持久战中充当着重要的角色，因为它们会用像推土机一样的头将树推倒，以吃到树顶最鲜嫩的叶子。一群大象经过后，稀树大草原就会遭到极大摧残。一旦树木让步，草类很快就会占据这些地盘。

但这只是一个方面，因为大象也能帮助树的传播。它们吞下树的种子，又将种子随着粪便排出体外。种子在肥沃的象粪中因为得到足够的营养而长势良好，这样也就帮助了稀树草原的扩展。因此，大象和树之间存在着不断转化的平衡关系，这正是形成今天的草原和稀树大草原的无数原因之一。

↓鸸鹋徜徉在澳大利亚的灌木丛中。它们既可以像鸵鸟一样快速奔跑，同时也是游泳高手。这对于生活在草原上和沙漠中的鸟类而言是一项非同寻常的天赋。

灌木地

灌木在体型上比树木小，但是质地却像树木一样坚硬，它们覆盖了地球上很大范围的干燥地区。在灌木地区，生物需要忍受漫长而干旱的夏季，以及随时可能袭来的野火。

当列举世界上的陆上栖息地时，灌木地通常不会被列入其中。因为人类认为灌木地是无用的废地，让人往来不便，也不能用来种植什么有用的作物。但是，对于野生生物而言，灌木地不仅可以提供很多藏身之处，而且可以给它们带来丰富的食物。

什么是灌木

树木是很容易被认出来的，因为它们通常会有单一的树干。但是灌木不同，因为它们没有树干，而是在靠近地面的时候就已经分出很多枝干了。有些灌木可以有一层楼那么高，而最小的灌木则只到达脚踝处。它们通常生长得很密，长有尖刺，这就使得在灌木地行走变得很困难了。

在南美洲大查科区，环境条件非常恶劣，几乎没有人会进入这片地区。从这里到亚马孙河雨林之间的地带，冬季温暖而干燥，但夏季则是非常炎热而潮湿的，一场暴风雨就能将这里变成一片"泥海"。这种到处长满刺

的环境根本不适合人类生活，但却是动物的绝佳栖息地。这些定居者中有各种鸟类和咬人的昆虫，以及世界上一些剧毒的蛇类。

但是，并不是所有灌木地都是如此不适宜人类居住的。在欧洲南部，灌木沿着地中海沿岸生长，而在美国加利福尼亚州南部，很多城市周围都大量生长着一种被称为矮橡树林的灌木丛。

↓在美国加利福尼亚州，矮橡树林灌木丛中生长着仙人掌和山艾树，以及叶上多刺的橡树。对于生活在马背上的早期定居者而言，穿越灌木地是一种非常糟糕的经历。

← 在澳大利亚的 Kalbarri 国家公园中，生长速度缓慢的灌木为岩石沙袋鼠和袋鼠以及 170 多种鸟类提供了很好的庇护之所。

灌木地的气候

　　世界上大部分灌木地都分布在干旱期在一年中达到几个月的地区。这种气候不适宜树的生长，但是小型木本植物却可以长得非常茂盛。事实上，灌木地的气候似乎可以促进植物的进化，因此可以发现大量不同种类的植物生长在一起。

　　就单纯的植物种类而言，有一种灌木地可以说创造了同样面积栖息地植物种类的最高纪录，这种灌木地就是南非高山硬叶灌木群落——"凡波斯"，生长在好望角的高山上。凡波斯就像是覆盖在地面上的常绿地毯一样。虽然凡波斯的区域面积小于 500 平方千米，但是其中却含有 8500 个不同种类的灌木和其他植物，数量几乎与生活在欧洲所有国家的灌木数量之和持平。

　　在向东穿越印度海域几千千米外的澳大利亚西部的灌木地是世界上另一个生物生长的热地。与南非不同，这块地区非常平坦，灌木丛生长在厚厚的一层含泥炭的土地上。尽管土壤贫瘠，这一地区仍生长着 7000 多个不同种类的植物，其春季开花品种之多，尤其令人惊奇。这一地区周围都是沙漠，因此其就像是大陆角落中一个生态岛。在有些地块，生长的植物中有 4/5 是世界上特有的植物种类。

↑ 南非的凡波斯在 8 月份开始开花，这也正式代表着南部春季的来临。到了 12 月，随着夏季的热浪涌来，大部分花都败谢了。

灌木和授粉者

大部分花是由昆虫和风帮助授粉的，但是在灌木地，鸟类会来光顾并为之效力。在南非和澳大利亚，这些鸟类是灌木的亲密伙伴，没有它们，灌木将很难生存下去。

在凡波斯，卡佛食蜜鸟经常光顾一种被称为普罗梯亚木的灌木，以其花蜜为食。普罗梯亚木遍布非洲的灌木地，其中凡波斯是它们最主要的生长地。最大的种类可以长到一人高，会长出红色或者黄色的头状花，其中含有几十甚至几百朵小花。每个头状花都像是锥形冰激凌，每次产蜜期在一星期左右。

食蜜鸟通常以昆虫为食，但是当普罗梯亚木开始产花蜜时，其便转而食用花蜜。它们细长的喙部刚好适合用来探入花朵深处。这种鸟每天几乎要食用250朵花的花蜜。在这个过程中，它们的前额把花粉从一株植物带到

←一只雄性卡佛食蜜鸟站在普罗梯亚木灌木上，长长的尾羽在风中摆动。在繁殖季节初期，雄鸟会从自己的栖息处大声鸣叫，以吸引异性。

↑生长在澳大利亚的黑男孩树有着尖顶状的花朵，看上去像是直指天空的柱子。这种植物通常都是在大火过后开花。

了另一株植物，从而帮助了普罗梯亚木授粉结子。此后，这些鸟还会收集一些种子，因为它们可以成为鸟巢中温暖的内垫。

以花朵为食的哺乳动物

即使没有看到鸟在四处活动，依靠鸟类传播花粉的灌木也是很容易就能被识别出来的，它们的花朵通常都呈鲜红色、橘色或者黄色，长在长长的茎干上，这样就便于鸟类出

入。另一方面，这类灌木的花朵通常比较坚韧，因为鸟类具有比昆虫更大的破坏力。但是在凡波斯，有一种普罗梯亚木的花色比较暗淡，在夜间开花，花朵距离地面很近。这种花根本不能吸引鸟类的注意，相反，主要是小型哺乳动物常来光顾。

这些哺乳动物中至少包括两种啮齿动物和南非象。它们都属于夜行动物，依靠嗅觉而不是视觉来寻找普罗梯亚木花朵。这种花带着麝香般的香味，并且可以产出甜度特别高的花蜜，适合哺乳动物的口味。花蜜是非常有效的食物，尤其是产在冬季的花蜜，可以帮助动物度过冬季食物匮乏期。

澳大利亚也生活着可以帮助传播花粉的哺乳动物，但是都是些小型的有袋动物。其中包括主要以桉树为食的几个物种，以及那些用翅膀或者翼膜在桉树间滑翔的动物。

此外，还有一种被称为"蜂蜜负鼠"的动物，完全是依靠灌木丛的花生活的。这种老鼠大小的有袋动物生活在西澳

大利亚的灌木丛中，它们的新生幼体是世界上最小的哺乳动物幼体，每只只有 0.005 克，比一张邮票还轻。

起火了

火是灌木丛生活的重要组成部分，尤其是经过几星期甚至几个月的干旱之后。枯树叶和枯树枝都

↑这种矮小的滑翔者生活在东澳大利亚的森林和灌木丛中。它们在夜间行动，勇敢地跳向黑暗，这样它们才能在树与树之间滑翔。

火借风势，扫荡了美国加利福尼亚州莫哈韦沙漠边上的一片约书亚树。在这片干旱的灌木地里，已经死去的植物很快就被燃烧殆尽，但是活着的植物则要坚强得多，大火仅能让约书亚树损失一些叶子而已。

很容易被点燃，几小时之内，几千公顷的灌木地就会燃起熊熊大火。

这种大火会危及人类生命和住宅的安全，但是对于灌木丛本身而言，其实并不是像其看起来那么危险。

在美国的加利福尼亚州，这种大火因为蔓延速度非常之快，常常会成为报纸上的头条新闻。一旦大火过去，大自然很快就能自我复原。在几个星期之内，很多灌木都会发出新芽，在2～3年后，这些被烧尽的灌木很快又会恢复到大火前的繁盛景象。

矮橡树林之所以能够恢复得如此之快，是因

↑大火过后两个月，一个松树种子发芽，长出了全新的叶子。铺在地上的厚厚一层灰烬中含有可以帮助其生长的矿物质。

为它们的灌木丛已经进化出了防火功能。比如，一

→加利福尼亚王蛇并不带毒，它靠速度和力量战胜剧毒的响尾蛇。

种被称为黑肉叶刺茎藜的常见灌木长有坚韧的木质茎，根则可以延伸到很深的地下，大火通常只能将其细小的枝叶部分燃尽，而植物的核心部分却能够存活下来。一旦破坏结束，黑肉叶刺茎藜又能发出新芽，重新长出茎叶。

灌木和火

通常情况下，一旦植物授粉后，它就开始渐渐地产出和传播种子。但是在灌木地，像普罗梯亚木和黑肉叶刺茎藜那样的植物却不同，它们并不是在种子成熟时便急于将其传播开去，而是可以将种子存上好几年，等待大火的到来。当大火扫荡而至时，种壳就会打开，里面的种子便落到泥土中去了。一些针叶树也有类似的情况，因为大火造成的高温

可以帮助它们打开球果，释放种子。

灌木之所以选择在这个时候传播种子，是因为大火后是最佳的播种时机。此时的土地上盖满了肥沃的灰烬，而枯叶则已经被清理干净，这就为种子提供了一个很好的生长环境，同时也确保它们有足够多的时间生长，从而

迎接下一场大火的到来。

地面巡逻

在灌木地中，野生物很不容易被发现，但是声音可以泄露它们的踪迹。树枝折断的声音可能就预示着瞪羚或者鹿的到来，

↑灌木地里经常可以看到活板门蛛，它们生活在缠满丝的洞穴里，上有一个铰合的盖子，或者叫作"活板门"。如果有可以食用的东西靠近，蜘蛛就会迅速从洞穴中爬出，用毒牙将之驯服。

而枯叶的沙沙声以及随后的一阵安静则可能说明蜥蜴在爬行。对于蜥蜴而言，灌木地几乎就是其最理想的生活环境——到处都能够找到掩护，但也有一些空旷的区域可以让它们获得阳光的温暖。

对于生活在灌木地的大部分蜥蜴而言，昆虫是最主要的食物，尤其是在叶子中进食的体型较肥硕的蟋蟀和纺织娘。蜥蜴主要是靠视力来搜索猎物的，而且它们本身很善于通过变色来掩饰自己。只要昆虫一动，就很可能暴露在蜥蜴的视线中，并且立即引来杀身之祸。但这些昆虫食用者自身也要保持警惕，因为很多鸟类和蛇类很喜欢以蜥蜴为食。更有甚者，蜥蜴之间也会出现互相蚕食的现象。对于爬行动物而言，这种行为也不算罕见，大型爬行动物通常会捕食小型的爬行动物，有些则还会出现同类相食，甚至吃掉自己的后代的现象。因此年幼的蜥蜴如果想要避免成为父母的猎物的话，需要非常警惕地生活。

吃蛇的蛇

就像蜥蜴之间互相蚕食一样，一些生活在灌木丛中的蛇也会把其他蛇作为自己的食物。对于蛇而言，这是十分有意义的，因为一条体型较小的蛇就可以成为非常不错的一顿美餐，捕食后的蛇可以连续几个星期不用进食。神奇的是，剧毒的蛇类通常成为无毒蛇的美食。比如，在地中海地区，灌木丛中无毒的鞭蛇常常食用有毒的蝰蛇，而在美国加利福尼亚州丛林中，无毒的王蛇则常常食用剧毒的响尾蛇。这两个例子中，捕食者利用的通常都是对方速度相对缓慢的弱点——它们可以发起闪电般的攻击，用牙齿咬住猎物的颈部，然后用自己的身体将猎物紧紧地缠住。一旦猎物死去，它便将之吞下——这个过程通常需要1个多小时。

↓马达加斯加岛上的"多刺林"是世界上最为奇特的生物栖息地之一。在那里，灌木和树木都已经习惯了恶劣的气候环境，进化出了奇怪的外形，比如尖刺和小叶子等。

温带丛林

很多栖息地的生活环境会因季节的转换而改变，尤其是在温带丛林中，这些变化比地球上任何一个生物栖息地都要显得更丰富多彩。

温带丛林曾经覆盖了欧洲和北美洲的大部分地区，即使经过了多年的森林砍伐，仍然留有大面积的温带丛林。在该栖息地中，动物的生活需要适应各种不同的季节变化，以及随季节变化极大的食物供应落差——夏季的时候有大量的食物，而到了冬季则很难找到食物了。

南极山毛榉和达尔文青蛙

由于各个大陆的位置分布是不均匀的，因此温带丛林的分布也是不均匀的。在南半球，温带丛林的面积很小，主要集中在新西兰和南美洲的一角。在这些地区，最为重要的树种是南方山毛榉树，这种树的有些种类是常绿树，但是有一个被称为南极山毛榉树的南美树种，在秋季叶子会变成鲜艳的红色，然后便凋零了。这种树

↑ 在仲冬的寒冷中，这棵古老的橡树只剩下光秃秃的树枝蜿蜒盘旋着。从这棵树的外形可以看出，其树干部曾经在近地面处被砍断过。

生长在多暴风雨天气的合恩角上，比世界上其他任何一种树都要靠近南极，因此而得名。

这些南方丛林中生活着一些比较罕见的动物，包括世界上生活区域最靠

南的鹦鹉和一种最为稀有的两栖动物——达尔文青蛙。达尔文青蛙这种南美洲的罕见生物长着尖尖的"鼻部"，生活在森林的小溪中。它的繁殖方式更是奇特——雄性青蛙会守护在蛙卵周围，直至其孵化，然后一口将之"吞下"。事实上，雄蛙并不是将蝌蚪吞入胃中，而是使小蝌蚪居住在其喉咙处的"育儿袋"中，并持续几个星期左右。当蝌蚪变成青蛙后，雄蛙就将之咳出，然后便游走了。

运转中的林地

在南美和新西兰，一些地区的山毛榉树林基本保持着人类到来前的原貌，但是在欧洲和北美，温带丛林则有完全不同的经历。在那里，很多丛林都被砍伐作为木材使用，而其他树木林地则被砍伐后辟为农场用地。因此，原始温带丛林已经变得零零碎碎，点缀在旷野和村镇之间。

在这些林地中，古树通常都有自己的故事。比如，在英国，常常能够找到一棵在遥远年代里曾经在树干近地面处被砍穿的古树。这个过程被称为矮林作业，可以使树木长出很多快速成长的分枝，从而用于制成木炭和其他东西，比如篱笆和木屐。这些分枝每隔几年便被砍伐一次，砍完后，新的分枝又会长出。如今，矮林作业已经不是很常见了，但

↑达尔文青蛙的外皮呈鲜绿色，鼻子尖尖地向前突出，看上去像一张新掉下来的叶子。图中的这只雄性青蛙正守护着自己的后代。

↓在智利的 Huerquehue 国家森林公园中，南方山毛榉树正在展现其美丽的秋色。南方山毛榉树生长在南美洲，以及新西兰和澳大利亚。

↑在英国的树林中，野风信子将地面变成了蓝色的海洋。当树木上长满叶子时，其也就停止了开花。

是曾经经历过这道作业的老树还是很容易被分辨出来的，这些树通常都有很多树干，长在离地仅几厘米高的同一个树桩上。

矮林作业听起来是很极端的做法，但事实上，这样却可以延长树木的生命。在英国的树林里，一些经过矮林作业的榛树已经有 1500 岁高龄了，是普通野生榛树寿命的 10 倍。

森林的"新年"

在深冬的寒冷日子里，温带丛林中的生物像是通通消失了，树上没有叶子、没有花朵、没有昆虫，只有少量的哺乳动物和鸟类在丛林里活动。森林的地面上也是一片安静，尤其是在被积雪覆盖了以后。在这样的场景下，很难想象它实际上的变化可以有多快。但是当春季到来的时候，森林便会很快焕然一新。随着白天的变长和气温的升高，野花便盛开了。很快，树上的嫩芽变成了繁密的枝叶。在 3 个月疯狂的生长期中，有些树可以高过热带树种，树枝伸长了，树叶饱饱地吸收了太阳的能量。同时，动物的生活也重现生机：空中到处都是飞行的昆虫；新孵化出来的毛虫在嫩叶中大口啃咬；候鸟大量到来，食用树叶上的毛虫，它们的鸣叫声回荡在树梢上，宣告着春季的完全到来。

结　束

这种繁盛现象出现快，结束得也快，到了盛夏，一切便结束了，生命的发展速度已经换挡——仍然是到处都可以看到动物，但树上的鸟儿变得越来越安静了，它们的繁殖期也接近了尾声。至此为止，大部分树已经停止了生长，并集中能量用于产生种子，它们的叶子也失去了鲜嫩的颜色，有些甚至已经开始变黄——这是即将开始另一种主要变化的一个前兆。

再经过 3 个月，秋季便到来了。森林中的动物需要为艰难的时期做准备了，大部分候鸟也已经离开了。

但是最大的变化发生在外部——秋季多彩的色调已经取代了夏季的深绿。经过大约 6 个月的生命运转，大量的树叶开始凋零，也标志着森林"年"

↑ "女士的拖鞋"是生长在森林中的兰花种类，遍布整个北半球。在很多地区，这种植物已经变得越来越稀少了，因为它们的花朵在产生种子前就已经被摘掉了。

的结束。

树叶为什么会改变颜色

秋季落叶满天飞，这是自然界中最美丽的景观之一。这种现象出现在从欧洲到日本的广大地域上，但要数美国东北角地区的落叶最为壮观：在新英格兰，森林中的白桦树、枫树和山毛榉树的叶子在第一次霜降后开始呈现出美丽的颜色，之后，它们的叶子慢慢地也将凋零。

树叶经历了各种颜色变化和折磨，这就意味着它们需要被新的叶子所取代。常青树全年都在换叶子，因此树枝上的叶子永远是新的。但是在温带，大部分阔叶树会一次掉完所有的叶子，而在来年春季长出全新的叶子。

这种方式意味着阔叶树的叶子不需要应付寒冬气候。但是放弃全部叶子也是颇伤元气的，因此它们会尽力回收利用其中含有的所有物质，其中之一便是叶绿素——植物中含有的用来生长的绿色化学物质。树木会将叶子上的绿色素分解后进行吸收，如此，叶子的绿色便慢慢

褪去。很多叶子变成黄色，但也有一些变成橘黄色、红色或者颜色变得很黯淡。夏季的气温越高，秋季的树叶会呈现得越丰富多彩。

一旦所有有用的物质都被吸收后，树就会将叶脉封塞，这样便断绝了叶

物种档案

白色延龄草，学名 Trillium grandiflorum

在北美洲，延龄草是森林地面上的常见植物，是春季最早出现的植物种类之一。像很多森林野花一样，延龄草将食物贮藏在地下茎中，这样它们可以在春季到来的时候，以最快速度生长。延龄草的种子上带有储藏养分的口袋，可以吸引蚂蚁的到来。蚂蚁将袋子中的食物吃掉，将种子丢弃，这样种子便传播开来了。

↓ 大部分冬季时间，欧亚獾都处于睡眠状态。当春季到来时，它们就会变得非常活跃，每天晚上都从洞穴里跑出来寻找食物。

→ 拟蝎的嘴部很小，身体呈
梨形，通常只有2毫米长。

← 木虱吃各种各样的植物残骸，
包括腐烂的木头和凋零的叶子。
为了生存，它们必须保持湿润，
如果太过干燥，它们就不能呼吸。

子的水分供应。几天后，树叶便纷纷凋零了。

生活在树叶凋落物中

在潮热的热带雨林中，凋落的叶子在几个星期内便腐烂了，但是在温带阔叶林中，叶子需要经过很长一段时间后才会腐烂。如此，树林的地面上便铺起了厚厚一层落叶，这不仅为树林提供了肥料，也带来了树林泥土特有的气味。一茶匙的树叶凋落物中可能生活着好几百的小型动物、几百万微生真菌和几十亿的细菌，对于它们而言，凋落的树叶便是它们完整的生活环境了，就像软泥对于生活在海底的动物一样。

这个环境中的大部分居住者都是依靠分解残骸来存活的，这些自然界的"循环器"包括木虱、千足虫，以及那些体型更小、刚刚能被肉眼看见的动物。在微生物的协助下，这些动物可以对每一块残骸进行处理，吸收其中的能量，而让营养物质回归到泥土中。像所有生活环境一样，树叶凋落物中也生活着食肉者，其中包括长有毒钳的蜈蚣和一种被称为"拟蝎"的微小动物——这种动物看上去像缩小版的蝎子，但是长着有毒的钳子而不是毒刺。拟蝎用毒钳将猎物麻醉，也用其与同类进行信息交流。

这些生物生活在世界各地的森林中，但是由于它们的体型非常之小，所以基本没有人看到过。

既然脚下生活着这么多的生物，很多猎捕动物当然也会在树叶凋落物中寻找食物。鼩鼱小鼹鼠一样在落叶堆里翻拱，直到嗅到食物。虽然的体型很小，但是它们是永远饥饿的觅食者，因为它们快速的行动需要消耗大量的体能。蟾蜍和蝾螈则不同，它们的行动速度很慢，因此可以在不用进食的情况

↓对于火蝾螈而言，一条蚯蚓就可以是美美的一餐了。这种欧洲品种的火蝾螈有着明亮的颜色，以向敌人警示自己是有剧毒的。

↑图中的核桃夹子鸟蓬松着羽毛以保持温暖。核桃夹子鸟主要生活在欧洲和西伯利亚地区。

下存活好几个星期。在干旱的季节里，它们藏身在原木和叶子下，而在大雨降临时，便开始出来觅食。

橡树和橡子

　　在阔叶林中，动物通常需要生活在特定的树中来让自己有家的感觉。比如，常见的睡鼠通常都是生活在榛树中，因为榛子是它最喜欢的食物之一。在所有落叶树中，橡树上生活的动物数量最多，橡树叶和橡子为几十种哺乳动物和鸟类以及几百种昆虫提供了食物。这些动物中，有些只是偶尔前来拜访，但是大部分都是一生都生活在橡树上或者生活在橡树周围。

　　对于松鸦而言，一树的橡子可以让冬季的生活变得简单得多。与很多鸟类不同，松鸦整年都生活在落叶林中，它们的食物随着季节的变化而变化。在春季和夏季，它们以昆虫为食，而且它们也会食用其他鸟类的蛋和幼雏。但是到了秋季，当不能找到上述这些食物的时候，橡子便成为它们最重要的食物。

　　松鸦不仅食用橡子，而且还会将橡子埋在地下。它们对于食物的埋藏地有很强的记忆力，到了冬季，它们会将橡子挖出来作为食物。有时候，储备的橡子量太多，来不及吃完的就会在来年生根发芽。因此，在一定意义上，松鸦还帮助了橡树这一物种的传播。

秘密储备

　　这种储存食物的行为在英语中被称为"caching"，源自于法语，具有隐藏的

↓一些松鼠在树上安家，但是花栗鼠却生活在地下洞穴中。

物种档案

松鸦：学名 Garrulus glandarius

　　这种喧闹的鸟类生活在从欧洲到日本的森林中。像其他松鸦一样，它们属于乌鸦家族，但是长有鲜艳的羽毛。在深夏和秋季，松鸦就忙于储存橡子。它们每次只能叼起一颗橡子，因此需要不停地在橡树和储藏食物的树木之间飞行。

意思。松鸦独自储存食物，核桃夹子鸟也是如此。核桃夹子鸟生活在针叶林中，将松子埋藏起来以备冬季食用。但是，在北美洲，橡树啄木鸟则是家族式作业，它们会事先在死去的树干上凿出洞，将橡子储藏在其中。一棵树上有时能储藏 5 万颗橡子，足够啄木鸟一家子吃到来年春季的了。这种食物仓库常常还会引来其他鸟类，因此，啄木鸟会像卫兵一样守卫着自己的劳动果实。

　　狐狸和松鼠也会储藏

食物。事实上，这些动物并不会事先进行计划，也并不知道在冬季会很难找到食物，这一切都只是本能的行为。也正是这种本能，使得它们能够生存下去。

挖掘食物

在中世纪，欧洲的很多森林都属于封建地主所有，他们将这些森林作为猎捕野猪和鹿的乐园。拥有一块可以打猎的森林是地位的象征，就像呈上美味的食物一样可以给客人留下深刻的印象。但是，早在很久以前，很多这种私家森林都已经消失了，而野猪和鹿却繁盛起来了，即便是在靠近城镇的树林中也是如此。这些动物能够发展地如此成功，主要在于它们有很高的警觉性——远离人类。如果在

↑红狐的动作像猫一样轻巧，非常善于找到躲藏在积雪下的小动物。它们依靠准确的突袭来捕捉猎物。

人类出入较多的地方，则通常是在夜晚才出来觅食。

野猪是家猪的祖先，有着同样有力的颚部和扁平的鼻子，可以在地上翻拱食物。鼻尖部位可以向上翻动，很快从"推土机"转变成"铲子"。利用这套"设备"，野猪可以将地面掀开，寻找营养丰富的植物根部，或者掘出鼹鼠或蚯蚓。事实上，没有什么是这种动物不吃的，虽然它们喜欢新鲜食物（包括粮食），但是它们也可以以生物残骸为食。大多数情况下，野猪都是通过嗅觉来找到食物的，它们的嗅觉出奇的灵敏，甚至可以将尚在地下的各个不同种类的土豆分辨出来。

野猪在森林地面上树叶堆成的窝中产仔，一般一胎可以产下 10 头左右。像它们的很多亲属一样，野猪的幼仔身上都长有条纹。雌性野猪或老母猪都具有很强的建巢本能，因此比较体贴一些的农民会为他们养的母猪提供一些堆巢的原材料。

以树皮为食

野猪只生活在欧洲

和亚洲，而鹿则分布在世界上几乎所有的阔叶林中。白尾鹿只生活在美洲，而红鹿则生活在从加拿大到中国的整个北半球。它们还被引进到世界上的其他地区，包括阿根廷和澳大利亚。1851 年，它们还被引进到了新西兰，在那里，红鹿的繁殖非常旺盛，甚至对当地的野生物造成了一定的威胁。

在一年中的大部分时间，鹿都是以植物的叶子为食的，但是当秋季来临，叶子凋零后，它们不得不转而食用比较坚硬粗糙的食物。它们会食用小树的顶部，也会以树皮为食。在冬季，树皮牢牢地贴在树干上，因此每次，鹿能挖下一小片树皮。但是

到了早春，树液开始产生，树干的外层就会变得光滑，树皮也会变松。这时，鹿在树皮上一咬，常常能撕下一长条树皮，有时还会将树木置于死地。

这种饮食习惯对于整个森林而言不会造成很大的伤害，但是如果是在植物园中则可能会形成一场浩劫。正是这个原因，小树需要用篱笆保护起来，或者在它们的树干上包上塑料保护膜。

与野猪不同，大部分鹿每胎只生一只小鹿。最初，小鹿蜷缩在矮树丛中，母鹿每隔几个小时就回来为其喂奶。红鹿在长到3～4天后，便能跟着母鹿外出，而小白尾鹿则需要隐藏在树丛中生活1个月之久。小鹿常常看上去像被遗弃了一样，伸出援手的人类也常常把其带回动物保护中心。但事实上，它们并不需要人类插手，因为母鹿从来没有走远。

↓刚刚出生的野猪幼仔身上带有条状花纹，与它们母亲长满钢针的外皮迥然不同。这些花纹可以帮助它们隐身在光影斑驳的森林地面上。

鹿　角

大部分动物在繁殖期间是外观最佳的时候，一些鸟类会额外长出多彩的羽毛，而蝴蝶则会展示它们艳丽的翅膀。雄鹿则会长出鹿角——这是动物世界中最大也是最吸引人的装饰品。与牛角不同，鹿角是由坚硬的骨头形成的。红鹿的鹿角可以长到70厘米长，3千克重。驼鹿的鹿角更大，重量可以达到30千克，一端到另一端的长度可达2米。

鹿角从鹿的前额开始长出，最初上面覆盖着一层柔软的皮，随着鹿角的慢慢生长，会出现分叉，大约经过15～20星期后，新的鹿角就长成了。一旦停止生长后，上面的皮层就会变干，最后脱落。这段时期对于鹿而言是很不舒服的，它们会用树或者灌木摩擦自己的鹿角，以使皮层尽快脱落。

秋季，动物的发情期到来了，雄性开始了一年一度的竞争，它们用自己的鹿角来争夺交配权。有时，两头雄鹿只是炫耀一

↓鹿角的大小一部分取决于鹿的年龄，另一部分取决于鹿的食物。图中的这只红鹿，每只鹿角上分别长有6个尖，而最大的红鹿角甚至可以长出12个尖。

下自己的鹿角，直到其中一头自动退出为止。如果双方都不让步，那么头碰头的战争便开始了，有时还会造成严重的伤势。胜者可以聚集一群雌鹿，而败者只能保持低调，黯然地舔舐自己的伤口，等待来年再战。

重新开始

鹿角的生长需要很多时间和能量，但是一旦发情期结束，鹿角就从其与头骨相连接处开始变弱。几个星期后，鹿角虽然仍然存在于原来的位置，但是就像是死去的树枝一样。最后，在不经意地冲撞下，鹿角就会折断而掉到地上。为什么鹿要不厌其烦地在每年都长出新的鹿角呢？答案或许是：这样可以帮助它们给雌鹿留下更加深刻的印象。鹿角大是雄鹿强壮的象征，这也是鹿想要遗传给自己后代的重要特征。当一头雌鹿选择交配对象时，它们也根据鹿角的大小做出判断。

真菌猎食者

对于阔叶树而言，鹿是它们的一大问题。此外，更为严重的敌人到处都是，其中之一便是真菌。真菌是森林生命中永远不会缺少的组成部分，有时甚至还是致命的。对于真菌而言，每一棵树，不论其是老或是嫩，都是潜在的食物来源。真菌生活在树叶凋落物和木头中，通过它们纤细的摄食菌丝，分解其中活的生物或者死的残骸。

一些丛林真菌像动物一样，在丛林间秘密地蔓延，其中之一便是贪婪的蜂蜜真菌，它分布在整个北半球地区。蜂蜜真菌会长到一般伞菌大小，但是其位于地下的细丝可以长得非常之长。在美国密歇根州的橡树林中，曾经发现过一张蜂蜜真菌的地下

细丝网，面积达到15公顷，重量达10吨。这么庞大的真菌细丝网是从曾经的一粒小小的孢子开始的，经过了森林1000多年的养育后方才形成。有些真菌的细丝网甚至可以更大，它们中包括了科学家迄今为止发现的最大的生物。

当蜂蜜真菌发现合适的猎物时，它们会在树皮下向上生长，偷取新的木质层上的营养物质。在进攻的最初阶段，树看上去还是很健康的，但是随着时间的推移，这种伤害开始渐渐显露了——树叶开始变黄，生长减缓，整个树枝开始呈现出病态。在蜂蜜色的伞菌长满树干的时候，这棵树的生命也就宣告结束了。

存 活

与动物不同，树木的死亡会经历好多年的时间。英国橡树尤其顽固，可以挣扎着存活200年之久，甚至当树干内部已经基本烂空的情况下，橡树还能继续生长。在19世纪，在英国的Bowthorpe有一棵非常有名的中空橡树，里面像一个大房间一样，

物种档案

灰林鸮：学名 Strix aluco

灰林鸮是欧洲最为常见的猫头鹰种类之一，在夜间出来捕食，栖息在公园或者花园中，由于其具有很好的伪装毛色，因此很难被发现。它的叫声很容易分辨，在发情期，雄性灰鸮会发出悠远的鸣叫声，而雌鸮则回之以尖锐的叫声。灰鸮主要以小型啮齿类动物为食，此外，它们的菜单上还包括青蛙、甲虫和其他鸟类。

可以供当地的乡绅以及 20 个宾客在其中用餐。20 个世纪，在美国加利福尼亚州，一些巨大的红杉的中空部位可以容许一辆汽车从中开过。这些树现在仍然长势良好，有些已经超过了 90 米的高度。

即使遭到雷击或者树干被暴风折断后，树木也能顽强地生存下来。有些树种，包括橡树、栗树和榛树，在经过矮林作业——不是仅仅经过一次，而是几百年来经过很多次后，仍然能够存活下来。

树木之所以能够承受这些打击，是因为真正关乎重大的仅仅是树皮下的活层。只要有足够的活层留下来，就能够进行最为关键的水分及树液的传输工作。但是，如果一棵树遭到了真菌的进攻，树木边材就很难再正常地传输水分和树液了。最后，输送管道被封塞，树木也就慢慢地死去了。

在死树中安家

一棵树死去后，其价值还远没有消失殆尽，死去的树干可以成为啄木鸟的家，在最初的主人搬出后，还会吸引其他鸟类前来居住。这些洞居者包括十几个不同种类的树林物种，从山雀到食肉鸟类，比如猫头鹰等。啄木鸟和猫头鹰将它们的蛋直接产在树洞里，但是很多体型较小的鸟类则是先在树洞中铺上一层苔藓和树叶。

在有些树林中，尤其是那些用来采伐原木的树林中，死树出现的频率很低，因鸦，树洞的争夺很激烈。如果一只鸟幸运地找到一个树洞，并想要占为己有，则通常需要先打败对手鸦有一套阻止大鸟占据自己洞穴的独特方法，它们会在树洞口糊上泥土，使得洞口小到只能容许一只的进出。当一只鸟前来察看树洞的时候，它会将泥土误认为是树皮，认为树洞太小，不足以安身。

中空的树木也是蝙蝠安家的最爱，因为这里可以为它们挡风遮雨，又可以避开捕猎者的视线。在温带丛林中，大部分蝙蝠都以昆虫为食，在半空中捕捉猎物。生活在丛林中的蝙蝠种类众多，并不是所有蝙蝠都是通过这个方法捕食的。比如体型较大的生活在西欧地区的鼠耳蝙蝠，它们在深夜出动，抓捕地面上的甲虫和蜘蛛，同时它们也会在空中捕食。它们并不依靠自己的声呐系统来作出判断，而是在爬过地面时，聆听昆虫发出的声音来找到食物。来自新西兰的短尾蝙蝠是这种生活方式的真正专家——它们把翅膀紧紧地闭合起来，通过在丛林地面甚至树干上快速行走来发现食物所在。短尾蝙蝠主要以昆虫为食，但是偶尔也吃果实，以及来自花朵的花蜜和花粉。

↓埋葬甲虫寻找死去的动物，然后将之埋入松软的泥土下。图中的这些甲虫找到了一只死去的老鼠，一旦将其埋到地下，它们就将之作为自己幼虫的食物。

每年秋季有好几个星期，位于美国新英格兰地区的树林都会吸引着来自世界各地的游客。在北美洲的这个地带，秋季的颜色是非常生动的。当北部冷空气来袭时，温带丛林的叶子一夜之间便凋零满地。图中的丛林中满是枫树和白桦树。不久，所有的树都会掉完它们的叶子，整个树林将光秃秃地一直平静地等到来年春季。

针叶林

针叶树尤其善于抵御干旱、大风和寒冷气候的威胁。在其他树种需要挣扎着方能生存的地区，它们却长势旺盛。

针叶树是应付极端恶劣天气的专家。正是因为它们针形的叶子，使得它们可以生长在海拔较高的山上以及干旱、贫瘠的山坡上。一些针叶树也生长在热带丛林和沼泽地里，但是，它们最为重要的据点还是在极北地区。在那里，它们形成了北方针叶林——一片广阔而偏远的栖息地，几乎环绕了整个地球。

↑针叶树的树干笔直而树枝向下倾斜，使其能够很好地处理积雪的压力问题。其实，霜冻的问题更为严重，因为它会扼杀刚刚长出的嫩芽。

穿越大陆

北方针叶林常常被称为"Taiga"，这是它的俄罗斯语名称。在俄罗斯，针叶林分布在 11 个不同的时区，而在其中的有些地区，针叶林覆盖的宽度可以达到 1500 千米。

如果是坐火车穿越整个针叶林，大约需要 1 个星期的时间，而整个旅程中，窗外的景色几乎没有什么变化。一致性是北方针叶林的最主要特色，因为该类丛林中的树木种类很少。比如，在整个俄罗斯

针叶林带中，大约只有10个不同的树种，而在北美地区的针叶林带，树种数量也多不了几个。相比而言，在足球场大小的热带丛林中，树种的数量可以达到几百种之多。

对于野生物而言，物种越少就意味着找到的食物的机会越渺茫。但是从另一个角度看，如果一种动物可以在这里生存下来，那么它将拥有世界上最为宽敞的家园。

冬季的皮毛

对于生活在北方针叶林中的动物而言，熬过寒冷的冬季是生活中最重要的挑战。在接近冻原的加拿大针叶林中，冬季温度可以降到 −40℃。然而，在西伯利亚东部，气候甚至更加恶劣，在那一带的一个采矿小镇上，曾经有过 −68℃ 的纪录，比北极的温度还要低。在冬季，地面泥土的冻结时间长达好几个月，所以很难找到液态水资源。

应付寒冷的方法之一是远离寒冷——候鸟就采用这样的方法。哺乳动物没得选择，因为它们不可能作如此长途的迁徙。相反，它们利用自然界最好的隔热体——皮毛来保暖。皮毛的外层是长毛，下层则是长满绒毛的内层皮毛。秋季的时候，内层皮毛会渐渐变厚，为即将到来的冬季准备好额外的保暖设备。

很多生活在北方森林中的食肉性哺乳动物都以其奢华的皮毛而著称，其中最为有名的是美洲

↑山雀是针叶林中的常见鸟类。图中的这种凤头雀是欧洲品种，通常生活在成熟的针叶林中。

↓一群驯鹿在西伯利亚东部的奥姆雅克恩附近的针叶林中奔跑。树间的空旷地正是寒冷的冬季气候的标志。

冬季，西伯利亚虎在厚厚的"冬衣"的保护下显得那么舒服和惬意。西伯利亚虎的体重可以达到300千克，生活在俄罗斯远东地区——这个地区夏季温暖，但是冬季非常寒冷多雪。作为5种存活下来的虎种之一，西伯利亚虎是体型最大也最为珍稀的动物之一，现存数量只有大约几百只。

↑俄罗斯黑貂的面部很像狐狸，但它却是美洲貂的近亲。它们单独生活——除非在繁殖时期。紫貂会坚定地守卫自己的领地，绝不容许任何觅食的对手进入其中。

貂——一种敏捷而凶狠的猎捕动物，一般在水中或者水域附近捕食。此外还有鱼貂，与美洲貂非常相像，但其是在树上捕食的。但是，在所有具有商业价值的长皮毛动物中，当数俄罗斯黑貂最为珍贵，这是一种狐狸大小的动物，生活在西伯利亚东部，常常需要面对极度的寒冷。俄罗斯黑貂吃小动物和水果。幸亏有其"豪华"的皮毛，使得其在 -50℃ 的环境下还能保持活力。不幸的是，人类看上了它们的皮毛，因此几百年来，它们一直遭到人类的捕杀。现在，这种动物很多被关养起来——有些甚至是在极其苛刻的条件下。

即便如此，仍然有大量的这种动物在野外被捕杀。

日渐消失的狼

在民间传说中，针叶林是非常危险的地方，需要十分警惕。这些所谓的危险，大部分都是虚构的。但是，的确有一段时期，人类完全有理由害怕丛林中的狼。在大约 400 多年前，大量灰狼分布在北半球，其中丛林是它们最为舒适的安身之所。

事实上，狼攻击人类的记录非常之少，倒是对于农场里的动物而言，狼是一大威胁——尤其是当它们天然的食物越来越少的时候。因此，狼遭到了大量的捕杀。在过去的几个世纪中，它们被驱赶到了杳无人烟的地区，或者就是被赶尽杀绝。在英格

兰岛上，最后一只野狼死于大约 1770 年。俄罗斯、加拿大和阿拉斯加还生活着数量较大的狼群，而在美国的其他地区，狼已经基本绝迹了。

一场激战正上演

如果没有人类的帮助，美洲狼可能已经灭绝了。在 20 世纪 90 年代，

↓从针叶林到北极冻原，灰狼的栖息地很广。在每一个狼群中，成年的狼都需要出外捕食，而只有比较年长的狼才承担繁殖后代的重任。

← 北美水貂主要在夜晚出来捕食，突袭河岸和河流中的猎物。像俄罗斯黑貂一样，它们一般是通过咬断猎物的颈背而将之杀死的。

物种档案

捕蝇蕈：学名 Amanita muscaria

很多真菌都生长在针叶林中，在昏暗潮湿的森林地面上大量繁殖。捕蝇蕈很容易被识别出来，因为它们的伞部颜色非常鲜艳。它们通常生长在云杉和白桦树周围，在深夏至初秋的雨后冒出来。对于人类而言，捕蝇蕈是剧毒的，但是有一些生活在森林中的动物却以之为食。

动物保护主义者开始了一项特殊的项目，以帮助狼重新回到曾经居住的领土上。加拿大狼被空运到美国蒙大拿州、爱达荷州以及怀俄明州的山里，并且逐步地被释放到野外。这项重新引入计划被证明是非常成功的，现在在这些地区，已经生活着二十几个狼群了。

对于狼的重新归来，并不是每个人都感到高兴的。大部分牧场主都认为这些狼会攻击他们的牛羊，在有些地方，已经有"狼嫌疑犯"被猎杀了。由于这个原因，被重新引入的狼群受到了严格的管理和控制，希望人与狼之间能够和平共处。

长长的冬眠

其实狼并没有人类想象的那么危险，棕熊倒是不折不扣的危险动物。除了北极熊外，棕熊便是世界上最大的陆生食肉动物了，它们的力量大得令人吃惊。棕熊的食物范围很广，包括从鱼到鹿，从树根到昆虫的各类动植物。它们可以用爪子将一头成年的驼鹿或者马拖出好几百米远。对于这种视力很弱但是力量奇大的动物而言，人类可以对它们形成威胁，或者偶尔，人类也会成为它们的美餐。

与狼一样，棕熊曾经生活在整个北半球地区，也经历了分布范围锐减的

↑尽管体型庞大，棕熊仍然是奔跑和攀爬的高手。它们能很容易地追上快速奔跑的人类，据说曾经因为追人而爬上了树。

情况，但是棕熊非常擅长应付丛林生活状况的各种起伏。它们并不是整年都在动的，而是有 6 个月的时间处于冬眠状态——这是在觅食困难时期节约体能的好方法。它们会在朝北的坡上挖个洞，铺上树枝和树叶。洞穴通常不会超过 1.5 米宽，刚好能够容下这种体重达半吨的动物。

到了秋季，棕熊的一半体重来自其脂肪，这些脂肪也正是它们的冬季"燃料"。体内的脂肪是动物

↑这些松枝刚刚开始生长，其中的黄色部位是雄性松果，很快就会向空中散发出花粉。雌性松果相对较大，它们的木质鳞片保护着种子的生长。

重要的能量来源，棕熊是通过大量食用其能够找到的一切食物来堆积起这些脂肪的。当棕熊进入冬眠状态时，它们的体温降到只有5℃，心跳速度减慢，脂肪则被慢慢地消耗，用来保持生命的延续。

但是与很多其他冬眠

↓松树叶蜂的幼虫食用树叶，甚至可以将树杀死。它们的成虫看上去像小型黄蜂。经过交配后，雌性叶蜂可以存活几个星期，但是雄性则会在几个小时后便死去。

者——比如旱獭相比，棕熊的睡眠很浅，体温的下降幅度也不算大。棕熊在冬眠期间仍然能隐约地感知到周边的动静，如果受到打扰，能立即醒过来。这种快速反应意味着即使在深冬时期，棕熊的洞穴也不是探险的好去处。

食叶者

熊几乎是什么都吃的，但对于针叶树叶仍然是望而却步的。与其他大部分树叶相比，针叶树叶坚硬，外面裹有蜡层，而且含有气味浓重的树脂，不易消化。它们只适合森林中的专业食叶者，如飞蛾的毛虫和叶蜂的幼虫。松毛虫蛾是以针叶树叶为食的欧洲物种之一，成年蛾呈灰色或者棕色，但是幼虫则长有绿色和白色的条纹，与松针上的蜡光非常匹配。它们贪婪地食用嫩松针，把整个身体伸展在其食物上，这使得它们更难被发现了。一只雌性

飞蛾可以产下几百个卵，因此这种毛虫的传播速度非常之快。

松毛虫日夜不停地吃着松针，但是另外一个种类——列队蛾则有着不同的生活节奏：白天，它们的幼虫住在枝头自己结的丝巢中，这种丝韧而有弹性，动物很难将之撕开，即使用刀也很难切开。从巢中会引出一条丝，一直拖到其他长有嫩叶的树枝上。到了夜晚，这些幼虫会沿着这条丝成队而出，进食时排成一条线，这也正是它们名字的由来。

在木头中生活

对于一些生活在针叶林中的昆虫而言，木头比

物种档案

黑啄木鸟：学名 Dryocopus martius

这种啄木鸟生活在从西欧一直穿过西伯利亚到远东的广阔针叶林中。它以昆虫的幼虫为食，常常为了抓住猎物而在树上啄出20厘米深的洞。此外，它们也以生活在树洞中的雏鸟为食。啄木鸟通常在腐烂的木头上啄洞安家，但是图中的这种黑啄木鸟也会选择在健康的树木上安家。

↑一只雌性树蜂将排卵管深深地插入木头进行产卵。不用的时候，排卵管被装入黄色的鞘中——如图中所示。

叶子更为美味。在针叶林中，最具代表意义的便是树蜂，常常"嗡嗡嗡"地飞行在树丛中。成年树蜂呈黑黄相间，其中雌性树蜂长有看上去非常危险的刺。事实上，这种刺是没有危害的，只不过是专门用来钻透树皮，将卵产在树干中的排卵管。雌性树蜂寻找虚弱或者已经倒下的树木，将卵一个一个地注到树皮之下。当幼虫孵化出来后，它们会花3年左右时间在树木中挖洞为家。这些幼虫并不是以木头为食，而据说是以长在树皮下的一种真菌为食。真菌擅长于分解木头中的物质，而树蜂则利用了这种优势对真菌进行"耕作"，并帮助其传播。

外部的攻击

对于树蜂的幼虫而言，不幸的是，它们的家并没有像看起来那么安全，这是因为存在着另一种昆虫——姬蜂。姬蜂的幼虫以树蜂的幼虫为食。利用其敏锐的嗅觉，姬蜂可以找到木头中的树蜂幼虫。雌性姬蜂会将排卵管插入木头，在每一条树蜂幼虫旁边产下一个卵。当姬蜂的幼虫孵化出来后，就会将树蜂的幼虫活活吃掉。

即使树蜂的幼虫能够逃过此劫，另一种危险也会随时袭来——啄木鸟正在凿打着树木，它们将舌头伸到了可以找到的任何通道。啄木鸟的舌尖上有毛刺，可以将树蜂的幼虫勾出。

切开松果

针叶树不会开花也不会结果，但是它们能够产出营养丰富的种子，隐藏在松果里面。大部分松果都比较小，可以握在手里，但是北美洲兰伯氏松产出的松果可以长达50厘米。而澳大利亚的大叶南洋杉则可以产出世界上最重的松果，这种松果外形像一个带刺的瓜，非常坚硬，重量可达5千克。

大叶南洋杉的松果在成熟的时候会裂开，这样使得动物很容易就吃到其中的种子。但是，其他松树的松果一般都不会自行裂开，直到快要坠落到地面上之前，才会释放出其中的种子。松鸦和核桃夹子鸟会在丛林地面上翻找种子，但也有些鸟类会在种子掉落前先下手为强，在北方丛林中，这种鸟类中首当其冲的应该是交喙鸟——一种雀类，鸟喙上下两片在末梢处相互

↓交喙鸟在刚刚被孵化出来的时候，它们的鸟喙很普通。但是随着它们慢慢成熟，鸟喙的尖部就会慢慢弯曲交叠在一起。

→一只鹰鸮正张开双爪猛扑下去捕捉猎物。这种大型鸟类没有天敌，它们大到足以攻击苍鹰和其他猎食性鸟类。

交叠。利用喙这个灵巧的设施，一只交喙鸟可以撬开松果上的鳞片，从而用舌头将鳞片下的种子取出。

交喙鸟依赖种子性粮食，如果当年粮食收成好的话，这种鸟类也会非常繁盛。但是，如果在一个丰收年后到来了一个歉收年，那么就会有很多交喙鸟找不到吃的了。当这种情况出现的时候，交喙鸟就会向南飞到北方丛林外的区域中寻找食物，这种迁徙被称为"族群骤增"，也会发生在其他雀类身上。

飞行的猎捕者

漫长的冬夜和浓密的枝叶，针叶林似乎天生就是为猫头鹰而设。一些世界上最大种类的猫头鹰生活在这里，包括来自欧洲和亚洲的北方大雕。

这种猫头鹰已经大到足以攻击一头小鹿了，而它们的叫声是如此低沉有

力，以至在1千米外的地方都可以听到。

大雕需要足够大的空间进行鸮动，因此它们通常是在树木生长较为稀疏的地方捕食。乌林则不同，无论在浓密的丛林还是开阔的乡野，它们都可以行动自如。这种强壮的鸟类生活在整个远东地区，停歇在活的树上或者死去的树干上，用黄色的眼睛凝视着这个世界。尽管它的体形很大，但是它几乎只以小型啮齿动物为食，用其敏锐的听觉来找到躲在雪堆下鸮猎物。在针叶林中，大部分鸟类都会尽量避开人类，但是乌林如果发现自己的巢受到了威胁，则会毫不犹豫地进行反击。凭借1.5米宽的翼展，再厉害的入侵者也可以被它赶走。

不对等的伙伴

白天，大部分猫头鹰都栖息在树上，而其他鸟类则出来觅食。鹰和秃鹰会发现自己很难在树与树之间自如飞行，但是北方苍鹰却非常适应这种林间地带——将自己的尾巴和翅膀作为方向舵，北方苍鹰可以在树林中突然转向，袭击树上和地面上的猎物。这种高速的猎捕者主要以其他鸟类为食，但是如果方便的话，它们也会抓取树上的松鼠和小豪猪作为食物。

对于哺乳动物而言，雄性的体形一般要大于雌性。但是猎捕性鸟类却常常刚好相反——雌性北方苍

物种档案

北美豪猪：学名 Erethizon dorsatum

豪猪在热带地区非常普遍，但是这个种类的豪猪只生活在北方针叶林中。当豪猪受到攻击的时候，它们的刚毛就会竖起，直刺敌人的皮肤。北美豪猪以叶子、树皮和芽蕾为食。它们会啃咬木质的工具甚至木质的窗框，因为它们喜欢人类汗液的味道。

鹰几乎比其配偶要重 1/3，而且通常能够抓到更重的猎物。为了弥补这一点，雄性苍鹰通常更为灵敏，当其掠过迷宫般的树干和树枝时，可以抓到山雀那么小的鸟类。而对于另一种丛林捕食者——食雀鹰而言，雄性和雌性鸟之间的差别就更大了，雌性食雀鹰的体重通常是雄性的两倍。

变化中的森林

并不是只有野生动物发现了针叶林的价值。几百年来，人类之所以用针叶树来作为木材原料，就是因为它们的外形笔直挺拔，在使用上比较方便。在 18 世纪，几百万棵针叶树被用来作为铁路枕木，还有更多地被用来作于支护矿坑。如今，针叶树也被广泛运用于建筑业、造纸业，还有其树脂可用于制造各种各样的产品——从油墨到溶剂到黏胶剂。

尽管如此，世界上的针叶树的生长面积并没有减少，所以也并不存在濒临灭绝的危险，但他们也在变化中。每年，大面积的森林被砍伐用做木材，砍伐后的树木有些是重新栽培的，有些则是再自行繁衍生长的。那些种植的森林跟那些自然生长的林木是相当不一样的，那些种植的往往只能是一类树木，而且树龄基本相同，往往在树木成熟前就被砍伐了，所以对于野生动物而言，这些种植林是极难生存的地方。

保护原始森林

一方面，人类大面积地进行人工造林，另一方面，自然资源保护学家一直在努力地保护现存真正的野生森林。最重要的防线之一在北美西北太平洋海岸——横跨美国和加拿大的边界。这个区域是世界重要木材制造区之一，但其中生长年代较久的大部分树木都已被砍伐了。

美国奥林匹克国家公园保护着世界罕有的针叶雨林。这是一个特殊的栖息地，生长着 100 米高的原始树木。再往北一点，在加拿大温哥华岛格里夸湾，也建立起了一个新的生物保护区，以此来保护温哥华岛的原始森林。相比已经被砍伐的森林，那些保护区是非常微不足道的，但这样的举措表明原始森林还是能够被保留下来的。

↓延伸得像尺子一样笔直的鲜明的界线代表了森林最新被砍伐的边缘。图中所示的风景为北美西北太平洋海岸的喀斯喀特山脉。

热带丛林

↑ 亚洲热带丛林中生活着世界上 3/4 的老虎，其中一些是最为危险的食肉动物之一。

热带丛林中生活着大量的野生物，从猿和猴子到世界上体型最大的昆虫。但是，这些野生物的大部分都面临着危机，因为热带丛林的面积正在日益缩小。

热带地区分布着两个不同类型的丛林。一种是大部分人都经常听到的热带雨林，主要生长在赤道附近，那里的气候全年都是温暖而潮湿的。这种湿气很重的环境会让人类感到不舒服，但却是树木和很多其他植物的绝佳生活地。另一种，被称为季节性或者季风性丛林，存在于热带地区的边缘，那里，每年都会有很长一段时间的干旱季节，在这样的环境中，植物和动物需要适应倾盆大雨和长达几个月的干旱。

交替变化的季节

在季节性丛林中，雨季的到来很隆重，常常开始于闪电点亮夜空之后。最初，这些风暴很干燥，但是几天

↓ 清晨，薄雾蔓延在覆盖着中非丛林的山峦间。这些丛林是珍稀的山林大猩猩的生活地。

之后，降雨开始了，厚厚的云层压来，葡萄般大小的雨便随之而来，重重地敲打着丛林的地面。丛林里便漫起了大水，而树木也正需要这些降水，因为此时正是它们生长的时候。

6 个月左右之后，干旱达到了顶峰，丛林看上去完全不同。洪水被干旱所取代，大部分树木都已

顶级猫科动物

↑蓝花楹木野生生长在玻利维亚和阿根廷北部地区。

经凋零了，空气在高温下灼烧，枯叶在脚下碎裂。由于大部分树木都是光秃秃的，让人觉得是进入了冬季的丛林。但是，并不是所有的树木都开始了休眠，有一种非常有名的被称为蓝花楹木的干旱时期的植物却会在这个时候开满淡紫色的花朵。在热带国家，这种颜色鲜艳的树种被种植在各地的公园和花园里。

季节性丛林分布在热带的各个地区，从中美洲和南美洲到东南亚和澳大利亚北部。在亚洲，季节性丛林中生活着犀牛和世界上最大的3种猫科动物，其中老虎是体型最大的，也是最让动物保护主义者担心的。一个世纪前，大量老虎生活在南亚地区，而如今，它们的数量正在快速下降，并且几乎完全是因为人类捕猎所致。

老虎是很危险的动物，所以人类不想要它们太靠近自己的家园也就不足为奇了。

但安全因素并不是老虎被猎杀的主要原因，其中更为重要的因素是钱。老虎的身体部件被出售用做东方国家的传统医药，价格可以卖到非常之高，比如，单单一根虎腿骨就

可以卖到5000美元左右。出售老虎身体部件是违法的，但是在如此之高的利益驱动之下，这种贸易依然在进行着。

第二种大型猫科动物为亚洲狮——与非洲狮有着很近的亲缘关系。亚洲狮曾经广泛地分布在印度次大陆上，但是如今它们只生活在印度东北部的 Gir 森林保护区内。生存下来的亚洲狮数量大约在 400 只左右，好在它们的森林庇护所已被严加防范，因此它们的未来应该是有希望的。从远处看，

这些亚洲狮与它们的非洲狮兄弟很相像，但是可以通过两个特征而将它们区别开来——亚洲狮的鬃毛比较短，而且在它们的下腹部覆盖有一块奇特的折叠状皮层。

与老虎和狮子相比，豹子最擅长于应付人类和生活环境的变化。像大部分猫科动物一样，它们主要是在夜间活动的，但它们对食物并不是那么挑剔的——豹子可以杀死一头成年的鹿，但如果这种食物不容易找到，它们也会把目标定在更小的猎物上，包括啮齿类动物甚至大型昆虫。豹子在食物方面涉猎广泛，所以可以度过各个食物匮乏时期。

争夺阳光

在季节性丛林中，植物和动物都需要努力适应季节的变化，而且都会选择一个特定的时期繁殖后代。但是在热带雨林，事实上根本没有四季的变化，因此生物在全年中都保持着一样的生长热情。对于热带雨林的植物而言，需要占据的最大优势就是获得足够的阳光——这是在一个密密地长着各种植物的栖息地中必然要展开的战争。森林中体型高大的树种自然而然地挡住了体型矮小的植物的阳光。这些高大的树种可以长到 12 层楼的高度，它们的树冠看上去就像是长满树叶的小岛漂浮在深绿色的海洋上。

在这种大树达到其最大体型前，它们需要从茂密的丛林底部努力向上生长。因此，很多树都会采

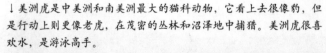
↓美洲虎是中美洲和南美洲最大的猫科动物，它看上去很像豹，但是行动上则更像老虎，在茂密的丛林和沼泽地中捕猎。美洲虎很喜欢水，是游泳高手。

↑一只犀鸟落在一株攀缘植物上。这种食果性鸟类正在展示自己巨大且颜色鲜艳的鸟喙。鸟喙中有大量中空部位，因此其并没有像看起来那么沉重。

用"等待"战术，它们先是专心向上生长，并不横向长粗，因此它们需要的能量就相对较少。有些不能熬过这一阶段的树，就会在来到阳光充足的高处前死去，而幸运地熬过来的，也就生存了下来。如果一棵老树倒下，就能够突然给地面带来一大片阳光，这就给小树以很大的机会，它们会拼命地生长，来争夺这一空隙，胜利者也就长成了这块区域中的参天大树。

私人栖木

一些热带雨林植物有自己的一套获取阳光的本

事，它们并不是向上生长，而是一生都在树枝和高高的树干上度过。这类植物被称为附生植物，包括几千种兰花和刺叶的凤梨科植物及蕨类植物。很多附生植物都很小，可以放入火柴盒里，但有些则像一个垃圾箱那么大，重量可达到 1/4 吨。

与寄生植物不同，附

物种档案

文心兰：学名 Oncidium

　　文心兰拥有非常艳丽的花朵，但是它们大部分都生长在森林最高处，因此很难看到。这些兰花通常是通过蜜蜂来传播花粉的。雄性蜜蜂常常不是为了花中的蜜，而是为了进攻这些兰花，或许是因为这些花朵的气味与其他雄性竞争对手非常相似的缘故吧。这些雄蜂一头撞入花朵，随后便把其中的花粉带到了其进攻的下一朵花中。

生植物并不从它们的附主那里盗取任何东西，而是从雨水中获取水分，从尘土和落叶中获取营养。有些凤梨科植物有自己的储水库，由一圈叶子组成，另一些则能够通过一种特殊的鳞苞结构，可以像棉层一样吸收水分。生长于澳大利亚的鹿角蕨类甚至还通过收集落叶形成自己的肥料堆，利用这些肥料堆中的养分，这种蕨类可以长到两米左右。

致命乘客

　　附生植物并不会给树木带来什么伤害，但是如果体重过大也会导致树枝的折断。而一些栖居植物则有着非常险恶的生活方式：对于热带雨林树木而言，最危险的莫过于绞杀榕，这种植物属于寄生植物，会慢慢地使寄主窒息而死。

　　一株绞杀榕开始于寄生在树枝上的一粒种子，随着种子萌芽，慢慢地便长成丛状。这些植物丛会伸出细长的根，问题便开始产生了——这些根虽然只有像铅笔一样细，但是会像蛇一样缠在树干上，

↑ 这株凤梨科植物利用其鲜红色的叶子而不是花朵来吸引可以帮助传播花粉的动物。

一直蔓延到地面。一旦根部接触到地面，绞杀榕就会比它的寄主生长得更快，其根部变得越来越粗壮，直至其在树干外构成了一件活的"紧身衣"。随着时间一年一年过去，这棵充当寄主的树木就会窒息而死。

　　一旦寄主死去，其树干就会慢慢腐烂，只留下寄生植物。在绞杀榕内部是中空的树干——寄主留下的可怕的遗体。

森林中的合作者

　　绞杀榕的传播需要依赖鸟类，因为鸟类帮助它们播撒种子——鸟类以绞杀榕的果实为食，但是种子却被完好无损地排出体外。当一只鸟停留在树枝上，它常常会留下一些含

↑这株绞杀榕正在慢慢地将"网"收紧，其各处的根部已经融合在一起了。

有绞杀榕种子的粪便。就这样，鸟类和绞杀榕实现了双赢。

　　像这种合作者关系在热带丛林中是很常见的，因为有如此多个不同

↓有着尖细的翅膀和流线型的身躯，天蛾天生就能够快速飞行。它们可以飞行很长的距离去寻找食物。

种类的植物和动物肩并肩地生活在一起。动物不仅可以帮助传播种子，而且可以帮助授粉。在温带丛林中，传粉动物基本上都是昆虫，但是在热带丛林中，许多不同种类的动物都在充当着这个角色，其中包括食蜜鸟类，比如蜂鸟和鹦鹉，以及几百个不同种类的蝙蝠。与昆虫相比，鸟类和蝙蝠体型较大且笨重，因此吸引它们的花朵必须大而强韧。通过蝙蝠授粉的花朵一般呈乳白色，并且在日落后会散发出浓烈的麝香气味，可以吸引蝙蝠的到来。

　　很多传粉动物接触的花朵种类都比较宽泛，但是有些却仅限于一种花朵。其中最具代表性的是来自马达加斯加岛的一种天蛾，它的舌头可以伸长到30厘米，可以像一根超长型吸杆一样使

→图中的切叶蚁正在把叶子的碎片运回自己的蚁巢。而在叶子上搭顺风车的这只蚂蚁是"小个子"的工蚁，一旦叶子被运回地下后，就由这些蚂蚁负责做进一步的处理。

用，一直伸到兰花的最深处。天蛾吸完花蜜后就会卷起长舌，然后飞向下一顿美餐。

甲虫猎食者的天堂

　　科学家也不能确定到底有多少种昆虫生活在热带丛林中，但是其中至少包括了5000个不同种类的蟋蟀，4万个不同种类的蝴蝶和飞蛾（以及它们饥饿的幼虫）和10万个不同种类的甲虫。其中一些是昆虫界的"巨人"——来自中非的歌利亚甲虫是世界上最重的昆虫，大约是一只老鼠重量的3倍。来自南美的长角甲虫则长着最长的触角。如果这些触角完全伸直，它们几乎可以和本页书的宽度一样长。

　　如果要找到这些昆虫，则需要很大的耐心，因为它们通常都是在夜晚的时候才开始活跃起来。但是蚂蚁就比较容易找到，因为它们大部分都

是在白天工作。在中美洲和南美洲丛林中，当太阳升起的时候，切叶蚁就从它们的地下巢穴中涌到了树上，来到最细的嫩枝上，它们会干净利落地把叶子折断，然后带回地下。切叶蚁用树叶来种植一种真菌，以作为自己的食物。它们出奇地勤奋，但是在大雨来临的时候，它们是绝不工作的。看到雨滴的第一眼，切叶蚁就会丢掉自己的"货"，留下的一串叶子碎片，一直延伸到蚁穴入口。

巢穴的袭击者

　　切叶蚁相对是没有危害的，但是热带丛林中有很多种蚂蚁具有很强的撕咬和叮咬力。织布蚂蚁生活在草丛和树林里，虽然它们体型很小，但是任何靠近其的东西都会遭到其猛烈的攻击。这些小小的蚂蚁用叶子建造出袋子状的蚁窝，用自己的黏丝将叶子"缝合"在一起。军蚁或者兵蚁则更加危险，这些游牧昆虫大群地生活在一起，每一群的数量可以达到 10 万只之多。它们在丛林地面上"汹涌"而过，制服所有体型过小或者来不及逃离的生物。夜幕降临的时候，其中的工蚁就会停下来，用它们的身体连接起来做成一个临时的帐篷，也叫作露营地，这个帐篷可以像一个足球那么大，蚁后则躲在里面。

↑很多生活在丛林中的昆虫常常利用其鲜明的颜色来警告来袭者。图中这只长脚甲虫正在虚张声势，因为其本身是并没有什么杀伤力的。

　　很少有动物敢吃军蚁，只是偶尔有几只鸟会在蚁群周围鼓翼逗留一会，这种鸟类被称为蚂蚁鸟。它们这样做是为了在军蚁群中寻找那些试图逃跑的其他昆虫或动物。但是也有一些丛林哺乳动物，其中包括来自南美洲的小食蚁兽和来自非洲和亚洲的布满鳞片的穿山甲，非常擅长捣毁蚁穴，它们都是攀爬高手，而且长有又长又黏的舌头用来舔食自己的食物。

8 只脚的捕食者

　　一些生活在雨林中的蜘蛛虽然没有刺，但是长

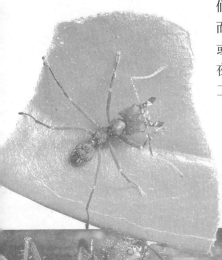

←绿树蟒的颜色有棕色、红色和黄色。图中的这条小蟒蛇抓到了一只老鼠。像所有生活在树上的蛇一样，这么倒着将一只老鼠吞下是完全没有问题的。

得很像蚂蚁，这可以在一定程度上保护自己。

热带雨林中还居住着大型的球状网蜘蛛，可以织出直径达1.5米的大网。但是世界上最大的蜘蛛网是由群居蜘蛛织出的，它们通常几千只生活在一起，用500多米长的丝编织起巨大的蜘蛛网。通过齐心协力，它们可以比单独作战捕捉到更大的猎物。但是，雨林中最有名的蜘蛛根本不织网——白天，它们躲在地下，晚上才出来捕猎。虽然这些

蜘蛛被称为食鸟蜘蛛，其实它们的猎食范围很广，它们靠直接的接触来捕捉猎物，多毛的足部可以长达28厘米。一旦这种蜘蛛将其猎物缠

物种档案

巨人食鸟蜘蛛：学名 Theraphosa leblondi

这种巨型蜘蛛生活在苏里南和圭亚那的热带雨林中，它是世界上最大的蜘蛛。雌性蜘蛛被雄性蜘蛛还要重，可以达到80克左右，是雨林中最小鸟类的体重的十几倍。当这种蜘蛛繁殖时，雌性蜘蛛能够产下1000多个卵，存放在洞穴里的丝茧中。

住，其带有剧毒的尖牙就开始发挥作用了。鸟类通常能试图逃走，但是昆虫、青蛙和其他小型动物就没有这么幸运了。这种蜘蛛通常当场将猎物吃掉，而无须在天亮拖回自己的洞穴。

爱爬树的蛇

在世界上的寒冷地带，森林并不是蛇类和蜥蜴的理想栖息地，因为低温会使它们行动困难。而在热带丛林中，生活环境

就再好不过了，不仅气候常年温暖，而且还有大量藏身之所。蛇和蜥蜴都非常擅长于伪装术，而且还是敏捷的攀爬高手——树蟒和蟒蛇用尾巴紧紧地缠住树枝，在树上静静地等待猎物的到来。如果一只老鼠或者猴子进入到一定距离，它就会迅速地启动上半身，用颚部将猎物牢牢咬住。在中美洲丛林中，扁斑奎蛇也采用相同的战术，但是它们常常潜伏在花朵附近，当蜂鸟飞来吸食花蜜时，这种蛇就乘机将之捕食。

生活在热带雨林中的蜥蜴没有毒牙也没有毒液，因此，它们需要利用伪装术来避开鸟类的追捕。大部分蜥蜴是绿色的，但是来自澳大利亚的叶尾壁虎则长有错乱的灰色和棕色斑纹，这使得它们在树皮上爬行时几乎看不出来。为了使得它们的伪装术更为有效，它们的身体几乎是扁平的，这样就不会形成可能出卖它们的影子。

生活在丛林地面上

就像食鸟蜘蛛一样，生活在丛林中的大部分动物

都会在太阳升起的时候躲藏起来。然而，蝴蝶则是例外，虽然它们通常生活在树的顶部，很多还是会每天至少一次地停落到地面上的。其目的在于从地面上补充其所需的盐分和其他重要成分。蝴蝶可以在湿润的泥土、腐烂的果实和动物的粪便中找到所需要的物质。如果找到了一块不错的地方，几百只蝴蝶会相互推搡着努力地想分得一杯羹。一看到有危险，蝴蝶都会立即飞到空中。

　　而对于小小的箭毒蛙而言，即使是暴露在明亮的日光下，它们也常常是无所畏惧的。这种蛙小到可以放在大拇指上，颜色非常艳丽，跳跃在叶子和倒下的树干之间，寻找小型昆虫和蠕虫。箭毒蛙的确可以如此自信，因为它们体内含有动物世界中毒性最强的物质。而鲜艳的颜色则警告其他动物最好乖乖地离它们远一点。

　　箭毒蛙只生活在中美洲和南美洲地区。历史上，这种蛙类的毒汁曾经被用来抹在箭上制成毒箭，箭毒蛙也就因此而得名。

树顶上的合唱

　　与热带丛林中的昆虫不同，很少有大型动物可以一生都在叶子上度过。这是因为雨林树木的叶子非常坚韧，通常含有一种吃起来不美味或者不容易被消化的物质。昆虫已经进化出可以应付这种物质的技能，但是只有一小部分哺乳动物能够完全以叶子为食。吼猴是适应地比较成功的哺乳动物之一，它们生活在从墨西哥到阿根廷北部的热带丛林中，以叫声响亮著称。这种叫声是由雄性猴子发出的，它们的喉部有一个腔室，

可以起到像扩音器一样的效果。吼猴成小群的生活，它们通过自己的叫声来标示出各个群体的进食范围。

　　热带丛林中，到处都生活着猴子，但是只有美洲猴子包括吼猴长有善于抓握的尾巴。这些尾巴可以卷在树枝上，而且朝下一面长有一片裸露的皮肤，可以帮助它们更好地实现抓握。吼猴的体重很大，因此一般都是用手臂进行抓握和进食的。但是蜘蛛猴的体重较小，因此它们通常可以单单通过尾巴而在树枝间荡来荡去。

小型灵长类动物

　　热带丛林中生活着世

← 在猎食者的威胁下，图中这头小食蚁兽利用其善于抓握的尾巴作为支撑，在白蚁蚁巢上暴跳，并用其前爪不停地拍打。

→ 这只暴眼的长角树螽生活在亚马逊雨林中。纺织娘通常以叶子和果实为食，但是它们有力的颚部可以咬得敌人非常之疼。

↑蜘蛛猴毛茸茸的尾巴可以像其第三条腿一样地灵活使用，而手臂则可以用来采集食物。图中的这只雌性蜘蛛猴带着自己的幼仔，正在树枝上悬荡。

界上一半以上的灵长类动物，包括猿、猴子，以及它们的近亲。其中，体型最大的是大猩猩，而最小的则生活在马达加斯加岛的丛林中。红褐色的小嘴狐猴体重大约只有 40 克，几乎跟一个鸡蛋那么重。这种小型灵长类动物以植物果实、花蜜和昆虫为食，主要是在夜间依靠敏锐的听力和视力来寻找食物。

马达加斯加岛以生活着多种奇异的灵长类动物而闻名，但事实上，世界上其他地区也生活着这些种类的灵长类动物，只是鲜为人知而已。眼镜猴是其中身手最为敏捷的灵长类动物之一，生活在东南亚丛林中，主要是在夜间捕捉昆虫为食。这种小型灵长类动物依靠敏锐的视觉捕食，其眼睛居然要大过其大脑的体积。

尽管不同的灵长类动物的体型间存在着如此大的区别，它们还是有着共同点的，它们中的大部分都长有指甲，而不是爪子，还有善于抓握的手指和脚趾。它们的眼睛长在脸的正前方，这可以帮助它们在跳跃的时候准确地判断距离。与生活在热带丛林中的其他哺乳动物相比，灵长类动物的繁殖速度相

↓雄性大闪蝶可以像人类手掌那么大，有着带有金属光泽的蓝色翅膀。这种蝴蝶通常喜欢在丛林的近地面"滑翔"，寻找它们最喜欢的食物——腐烂的果实。

对较慢。比如眼镜猴，每次只能生育 1 只幼仔，而且怀孕时间长达 6 个月。

丛林及其未来

　　对于灵长类动物以及很多其他动物而言，可悲的是，热带丛林正在快速地萎缩。迄今为止，已经有 1/3 的灵长类动物，以及从鹦鹉到犀鸟的几百种热带鸟类和几千种植物，正面临着灭绝的危机。

　　其中一些物种变得稀有，是因为它们被人类猎捕和收集，而有些则是因为生活在日益萎缩的热带丛林中而面临着灭顶之灾。在那里，推土机和链锯正在逼近。一旦树木被砍伐，人类开始居住进来，

→ 世界上有 100 多个不同种类的箭毒蛙。它们通常在地面上捕食，但是它们也能攀爬，因为它们的趾尖上也有吸盘。这些草莓色的箭毒蛙生活在哥斯达黎加，体长只有 2.5 厘米。

丛林也就被农田所替代了。

人类砍伐森林已经有几千年的历史了，而且人类依靠农田种植粮食生存。但是，热带丛林正在以前所未有的速度被砍伐，同时毁坏了大量的野生动植物栖息地。一些濒临灭绝的物种，比如猩猩，可以通过把它们放入保护区来帮助它们的生存繁衍，但是这项工程很昂贵，而且能够挽救的也只是丛林中的一小部分野生物。由于热带丛林是那么的丰富而又复杂，人类不可能一方面毁坏丛林，一方面又想保护丛林中的生物。

河流、湖泊和湿地

对于植物、动物和微生物而言，淡水是最受欢迎的生活地之一。有一些挣扎在小水坑中，有些则在淡水和海洋间作长距离的旅行。

如果把地球上的水缩至一桶，那么河流、湖泊和湿地中所含有的水还不能填满一个顶针。但是，由于地球体积如此之大，因此，淡水环境资源仍是极其丰富的。比如俄罗斯的贝加尔湖几乎有 2000 米深，而亚马孙河则有 6500 千米长。每年，有 500 亿吨雨水汇入大海。与海水相比，淡水通常营养物质丰富，因此对于生物而言是很好的生活环境，但是，淡水会在夏季干涸，在冬季结冰，而在河流中，生物则有被冲走的危险。

↑ 北美水松是少数几种可以生长在沼泽中的针叶树种之一。

小小的开端

湖泊和池塘是研究自然的好去处，因为里面生活着难以计数的生物。这些水世界成员中也有动物，但是就像在陆地上一样，生命最终是需要依靠植物的，因为植物为动物提供了生存所需的食物。在淡水中，最小的

↓ 这片像被草地覆盖着的南美河流中隐藏了大量的生命，其中生活着巨大的淡水鱼和亚马孙淡水海豚。

"植物"是微生藻类，漂浮在水表，虽然它们的体型很小，但是繁殖速度很快，有时会使整个水面呈现绿色。这些微小的绿色生物是微型动物的食物，而这些微型动物则是更大的一些猎食者，比如新孵化出来的小鱼的食物。有一种很常见的池塘动物叫

芦苇和芦苇床

大部分水生植物都有根，因此它们可以在水底固定。有些水生植物一生都在水下度过，但是大部分都会向上生长，从而可以开花。芦苇是其中最为成功的水生植物之一，是一种长得很高的草本植物，可能是世界上分布最广的开花植物。芦苇从北极一直向南长到澳大利亚，生活在池塘和沟渠，以及浅浅的湖泊和礁湖中。只要空间足够，它就会形成被水浸透的芦苇床，一直蔓延到肉眼明显可见的范围内。

芦苇床上并不适宜行走，但却是鸟类藏身的好去处。八哥和燕子仅是用之宿夜，而其他鸟类则还在在芦苇床上寻找食物繁殖后代。苍鹭和麻鸦在地上筑巢，而莺则筑在干燥

水螅，可以两全其美——它的身体中含有数千个单细胞藻类，同时，这也是它们的食物。水螅也有触须，用来抓住周边经过的小型动物。水螅也可以动，但是速度很慢，因此需要非常提防猎捕者，如果有任何危险来袭，它们就会迅速把触须收起，直至危险过去。

↑水螅通过长出小芽进行繁殖。这些小芽会从母体上分离出来，然后开始独立的生活。图中这一成年水螅已经长出两天大的"婴儿"了，它们的内部还是连接在一起的。

↑冬日里，芦苇床看上去总是那么萧条，但是茎部紧密挤在一起的芦苇床却是红松鸡以及其他鸟类很好的藏身之所。

物种档案

巨睡莲：学名 Victoria amazonica

　　这种来自南美洲的睡莲长着世界上最大的叶子，每片叶子的直径可以达到 2 米。叶子中有很多气孔，可以使得叶子保持漂浮状态。叶子周围有一圈直立的边，上面的一道口子刚好可以方便雨水从中流出，叶子下面是多刺的茎秆。一片大的叶子可以托住一个小孩——只要其躺下不动。

↑睡莲花属于虫媒花，开花的时间各不相同。有些会在日落的时候将花朵闭合起来，将前来拜访的昆虫困在其中。

的高处——这位技术娴熟的建筑师能够用枯叶为材料，以芦苇为支架，筑起一种杯形的鸟巢。

在水表面漂浮

　　睡莲的生长方式与众不同，与芦苇不同，它们的茎部很柔软，叶子的造型非常适合于漂浮在水面上。睡莲可以生活在几米深的水下，每年春季从水底向上生长，当它们的叶子到达水面时，它们就会展开平铺在水面上。有些睡莲的叶子只有硬币那么大小，但是最大的叶子属于一种来自南美洲的大型睡莲，可以达到供儿童嬉水的浅池那么大小，四周还有 15 厘米高的边。睡莲的叶子中含有空气细胞，就像是泡沫包装纸那样，而且其表面有一个蜡层，可以使得落在上面的雨水自行滑落。这些特性使得

↓一对苍鹭在树梢上的巢中互相问候，它们的幼鸟正从巢中仰望着它们。但是，很多生活在湿地的其他鸟类都将鸟巢建在地面上。

睡莲的叶子不可能沉到水下去，因此成为蜻蜓歇脚的好去处。对水雉（体型很小，但是脚超大的水鸟）而言，睡莲叶也是很好的垫脚石。鱼类也将睡莲叶作为安全屏障，躲避大鸟的追踪。

　　睡莲花会吸引大量的昆虫，其中甲虫是它们的常客。有些睡莲花会在日落的时候闭合起来，将"访客"困在其中，整个夜间，昆虫会沾上大量的花粉，当第二天花朵展开的时候，昆虫也就把花粉带了出去。

漂流物

　　一些淡水植物会在底部断开，然后便在水面上生活，其中最为常见的

就是浮萍了。浮萍看上去就像小小的绿色药片，它们是世界上最小且最简单的开花植物。其中，最小的品种来自澳大利亚，只有盐粒那么大小，它们没有叶子或者茎，只有圆圆的植物"身体"，而且在大多数情况下，只有一条纤细的根。死水潭和阴暗的沟渠是浮萍生长的理想环境，那里，成百上千株浮萍覆盖了整个水面。当秋季到来的时候，这种植物就会没入水中，以免被冻伤，直至来年重新浮出水面。

在世界上比较温暖的地方，死水潭中有大量漂浮类蕨类植物。与陆生蕨类不一样，这些蕨类植物的体形小而扁平，叶子上还常常覆盖着防水的"茸毛"，降雨的时候，雨水会自行滑落，这样，植物便不会沉入水中。有一种水生蕨类通常生活在灌满水的稻田里，这种植物非常有用，因为其含有的细菌可以为土地施肥。

另一种体形较大的水生植物被称为"水葫芦"，繁殖能力更强。水葫芦最早出现于南美洲流速较慢的水域，但是由于其可以开出美丽的花朵，所以被植物爱好者带到了世界各地。不幸的是，这种美丽植物的繁殖能力似乎超出了人类的想象，在一些地方甚至成为一种灾害。在非洲的维多利亚湖，水葫芦覆盖了几百平方千米的浅水区，它们窒息了其他野生植物，还悄悄地爬上了船只。科学家正在努

↑ 图中的这只雄蛙浑身被浮萍覆盖，正从池塘向外探视着。在世界上的很多地区，浮萍并不开花结子，而是靠动物将之从一个池塘传播到另一个池塘。

力控制它们，但是由于这种植物分布实在太广，这个过程可能需要很长一段时间。

世界上最大的漂浮植物是纸莎草，其高度可以达到 4 米。纸莎草来自非洲，早在 4000 多年前，埃及人就学会了如何将纸莎草压制成纸张。一般情况下，这种植物生长在水域的边缘地带，但有时候，它们也会成堆地形成岛屿状地漂出好几米之远。在尼罗河上游的漂浮植物堆中，甚至还居住着人类，而有些则将之用于畜牧场周围简易的围栏。

临时居民

淡水动物包括永久居民和临时居民。临时居民中比如水獭，每天都在水和陆地之间穿梭。另一些

↓ 水雉的脚趾特别长，可以将莲花的叶子作为漂浮的平台使用。一共有 8 个不同种类的水雉，主要生活在世界上气候比较温暖的地方。图中这一种在东南亚和澳大利亚十分常见。

则是在生命的早期居住在水中，而在长成后便离开了水环境。大部分这类动物都喜欢单独生活，但是蜉蝣却嘈杂地大群生活在沼泽地中，形成了最为壮观的淡水世界景观。

观察这种密集的蜉蝣的最佳时机是在宁静的夏夜——沿着缓缓流淌的河岸。如果条件适宜的话，可以看到几千只尚未长成的蜉蝣爬出水面，它们还没有完成蜕皮来到空中。这种昆虫需要4年时间才

↑河马是体型最大也是最危险的淡水哺乳动物。雄性河马是非常彪悍的，它们巨大的长牙可以在木船上咬出几米宽的口子。

能长成，但是成虫没有嘴部，只能活1天。交配之后，

雌性成虫会将卵产在水面上，结束这一最后的飞行后，所有的成虫都会死去。

食谱的变化

对于大部分其他淡水昆虫而言，成虫的生活比蜉蝣要长得多——成年的蚊子可以存活几个星期，成年的豆娘蜓和蜻蜓甚至可以存活几个月之久。

较长的生命期意味着它们需要食物，而且幼虫

和成虫的食物有着很大的不同。幼年的豆娘蜓和蜻蜓可以以所有种类的水生动物为食，它们使用的是一种被称为"面具"——一套可伸缩使用的颚部的致命武器。豆娘蜓和蜻蜓的成虫也是食肉的，但是改用足部来捕捉在空中飞行的昆虫。对于蚊子而言，变为成虫意味着食谱的大改变：蚊子的幼虫以水中的微生物为食，它们可以在小到难以想象的环境中生活，甚至是在一个废弃轮胎里的积水中；一旦它们长成后，它们的食物就转变成了液体，雄性蚊子食用花蜜，而雌性蚊子食用血液。

回到水中

淡水生活环境比较分散，因此动物需要找到合

↓纸莎草是世界上最为有用的水生植物之一。在古埃及，其不仅被用来制成纸张，还被制成席子、布料，甚至帆篷。

物种档案

欧亚水獭：学名 Lutra

圆滑、柔软、敏捷的水獭在水中和陆地间穿梭生活。与其他种类的淡水水獭一样，它也长着蹼足、流线型的身体和特别厚的皮毛。当它跳入水中捕鱼时，皮毛的表面会变湿，但是内层则保持干燥。它们在河岸边的洞穴中繁殖。这是一种很贪玩的动物，它们常常为了玩耍而故意滑入水中。

↑蚊子的幼虫需要空气。悬挂在水面之下，它们通过具有防水功能的"通气管"进行呼吸。

适的时间和地点来进行繁殖。飞行的昆虫能够很好地应付这个问题，因为它们可以很容易地从一个地方飞到另一个地方。

蚊子可以通过感知空气中的潮气而找到水的所在，但是很多其他昆虫包括蜻蜓在内，都是依靠视力来寻找的。偶尔，它们也会犯错，比如龙虱，有时会在月光照耀的夜晚一头撞到花房上，因为它们将闪亮

的玻璃错当成池塘的水面了。

对于青蛙和蟾蜍而言，繁殖期开始于它们返回到曾经作为蝌蚪生活过的池塘或者湖泊中时。雄蛙通常会先行到达，然后通过响亮的蛙鸣声来吸引雌蛙前来交配。当雌蛙到来后，很多雄蛙会一拥而上，争夺交配的机会。交配期结束后，青蛙和蟾蜍都会离开这个水域，留下蝌蚪自己成长。

青蛙和蟾蜍通过将周围环境编织成一张记忆地图来指引自己找到目标所在。由于它们的视力不佳，所以这张记忆地图需要通过嗅觉来起效。如果一只青蛙或者蟾蜍被移至几千米外的地方，它们通常会找到一个新的地方进行繁殖。不过，两栖动物的记忆力似乎特别好，因为即使在过了3～4年后，它们还是能够找到最初的家。

长途跋涉者

两栖动物并不是

←豆娘蜓是非常优雅的捕食者，常常飞行在池塘和溪流的近水面上。它们生活在世界各处——从潮湿的热带到北极冻原。

物种档案

仰泳椿：学名 Notonecta

与大部分其他种类的水生动物不同的是，仰泳椿是倒着生活的。它们生活在池塘和沟渠中，浮在水面的下层，等待其他昆虫落到水面上。当一只昆虫到来时，仰泳椿便会以后足为桨，向之划去。然后，使用其锋利的嘴部从下而上将猎物刺住。为了保证呼吸，仰泳椿会在身体周围保存一些氧气。

世界上最快的迁徙者，它们每年的旅程很短。但是河流和湖泊中生活着动物王国中一些很厉害的旅行者，其中包括那些可以分别生活在淡水和海洋中的鱼。这些鱼之所以要在两地巡游，是为了最大限度地利用两地的优点：对于它们的大部分而言，淡水

↑欧洲鳗正从地面滑向池塘。鳗的体表覆盖着一层黏液，可以防止身体变干。

中是比较安全的繁殖地，而海洋中则是寻找食物的更好去处。不过奇怪的是，这条规则也并不适用于所有的鱼，因为有些鱼的生活习惯是刚好相反的。

大西洋大马哈鱼回到淡水中产卵，3～4年后，成年的大马哈鱼第一次依靠味觉的指引回到原来自己成长的淡水河流域中。向着产卵地回游需要消耗大量的体力，但是它们在整个过程中却不吃东西。成鱼产下卵后，有些会因为身体太虚弱而死去，而大部分则能够重新回到广阔的海洋中。

↑青蛙或者蟾蜍繁殖的时候，雄性会从背部将雌性抱住，这个过程会持续好几天。雄性的大趾上长有特殊的肉垫，可以防止滑落。

神奇的旅行

大西洋大马哈鱼可以回游 1000 千米之远，而欧洲鳗甚至可以游得更远。与大马哈鱼不同，这种像蛇一样的鱼类，其生命开始于西太平洋一个被称为马尾藻海的水域中。从那里，幼鳗顺着洋流向东北方向游动，两年多后来到欧洲大陆沿岸。一旦到达后，它们便开始向河流的上游游去，最终到达它们可以慢慢生长的河流或者湿地中。它们的"童年期"可以长达 30 年之久，发育完全后，便开始繁殖下一代。

繁殖的时候，欧洲鳗便游向河流的下游，开始了以繁殖地为目的地的遥远的单程旅行。这些成年的鳗长着银色的外皮和大大的眼睛，说明它们游动在海洋的深处。但是并没有人确切知道它们究竟在多深的海里游动，也不知道它们经过的是哪一条路线，因为神奇的是，没有一条成年的欧洲鳗在海洋中被捕获过。

↓对于巡游的大马哈鱼而言，瀑布是它们前行道路上的一道障碍。这些肉质结实的鱼类可以一下垂直向上跳起 3 米多高。

山脉和山洞

越往高处，生活越艰难——尤其如果你的家被冰冷的寒风席卷着，被冰雪覆盖着，或者被正午的烈日炙烤着。但是，自然界中，山上的居住者们却很好地适应了以上种种恶劣环境，而且还生活得甚是惬意。

山是野生物的重要栖息地，因为它存在于每个大陆。但是在山上生活并不是一件容易的事，每向上爬 1000 米，温度就会降低 5℃。更糟糕的是，空气也会变得越来越稀薄，呼吸就会变得越来越困难。植物也有着自己的问题，因为山上的泥层很薄，而且很少有庇护。山洞则是完全不同的一个环境，在那里，虽然没有季节变化带来的问题，但是也没有阳光，而且食物非常之少。

生长在高处的植物

1887 年，一位叫萨穆埃尔·泰勒基的匈牙利探险家爬上了位于东非的肯尼亚山。在他接近顶峰的过程中，他看到了世界上最为罕见的植物生长现象：在肯尼亚山的低坡上，覆盖着常绿的热带丛林，然后慢慢地过渡到竹林，但是在海拔大约 3500 米的地方，竹林过渡到了高沼地，生活着大型的半边莲属植物和千里光属杂草，以及大量石南花和其他罕见植物。在接近海拔 4500

↑与山腰上的环境不同，山洞中是没有自然光线的，因此，植物不能在其中生长。动物则靠食用山洞外的食物或者相互蚕食来得以生存。

米的高处，则呈现出一片冰雪世界，这里也接近了山顶。

继泰勒基之后，科学家们在世界其他地方也发现了上述这种奇怪的植物生长现象。

位于夏威夷的莫纳克亚山是一座巨大的火山，

↓在肯尼亚山高处的山坡上，巨型半边莲是那里最高的植物。太阳下山后，它们的叶子会向内收拢以防止冻伤。

是唯一生长着银剑的地方，这种特殊的植物生长在接近山顶的岩熔地带。在委内瑞拉，被称做"特普伊"的平顶山区就像是飘浮在云间的花园，在那里，植物都很矮小，却包括了几百个世界仅有的种类。

自我保护

　　肯尼亚山和莫纳克亚山上独特的植物生长现象源自于它们完全隔绝的环境。这些山就像是生态岛，它们的植物是在完全孤立的环境中进化出来的，与外部世界几乎没有接触。肯尼亚山正好位于赤道上，因此光照很强烈，像大型半边莲属植物表面都长有毡子一样的毛层，可以保护它们的叶子不被强烈的紫外线烤焦。这个毛层在夜间也起到很重要的作用，因为此时在海拔较高的山坡上，气温可以降到冰点以下，所以正好可以御寒。虽然生活在地球的另一边，莫纳克亚山上的银剑也进化出了相似的适应能力。

　　在世界上的绝大部分地区，山脉之间都是相互连接着的，因此植物可以在山与山之间传播繁衍。针叶树尤其擅长于应付强

↑ 在毡子一样的毛层保护下，银剑能够很好地避免强光的伤害。在存活了20年之久后，图中的这株银剑开出了巨大的头状花。此后，其生命便结束了。

光与寒冷的环境，这就解释了为什么它们可以遍布世界的各个山区。在落基山脉地区，这些格外坚韧的树种包括一些世界上最早期的生物——狐尾松。对于一棵狐尾松而言，1000 岁算是年轻的，而3000 岁也不过是中年。

生存在树线之上

　　在高山上，树木在一定的海拔处不再生长，因为寒冷的霜冻扼杀了它们的嫩芽。这一粗略的海拔高度即为树线，在这里，树林景观慢慢让位给贫瘠的地貌。在位于热带的山脉上，比如肯尼亚山上，树线的海拔比较高，但是在位于寒冷地区的山脉

↑在美国加利福尼亚州的白山上，刺松的生长年龄可以超过5000岁。在高高的山坡上，它们在恶劣气候的摧残下扭曲着，长出多个节瘤。

上，比如阿拉斯加的山脉上，树线的海拔可以低至750米左右。

　　生活在树线之上的植物需要面对世界上最为恶劣的气候，它们几乎都是依靠坚韧的茎部、小小的叶子以及垫子状的外形生存下来的。这种生长方式可以将风力杀伤度降到最低，而且可以更好地应对干旱。冬季，它们被厚厚的积雪覆盖着，这实际上对它们是有利的，因为这比裸露在空气中要温暖得多。这类植物被称为高山植物，其中很多都会在积雪完全溶化之前就开始生长了。而当积雪化净后，它们已经绽放出花朵，这就为它们在繁殖竞赛中争取了时间。

受困于山坡上

　　春季，是生活在山上的昆虫开始活跃的时候。很多昆虫在冬季的时候还只是卵或者幼虫，可以被冷冻上几个月而完全不受伤害。随着春季白昼变长，它们就慢慢解冻，开始发育，就像变魔术一样，昆虫很快就爬满或者飞满了整个山坡。在山上，飞行的昆虫包括蚊子、蜜蜂和蝴蝶，它们都喜欢在近地面活动，从而避免风的影响。蝴蝶通常不喜欢寒冷的地方，但是阿波罗绢蝶却特别擅长生活在海拔很高的地方。这些蝴蝶的飞行速度很慢，它们的身体上覆盖着毛茸茸的鳞片，可以帮助它们保温。

　　蝴蝶需要植物，而且它们一般都是远离冰雪覆盖之地。但是恐蠊生活在接近雪线的岩石下，有时甚至生活在雪线之上。这些原生昆虫没有翅膀，有些甚至没有眼睛。它们以其他动物包括被大风刮上山坡奄奄一息的昆虫为食——在落基山上，蚱蜢在向上迁徙的过程中就会碰到这种情况。位于蒙大拿州的"蚱蜢冰河"中，堆积着几百万只蚱蜢的尸体，位于最深处的尸体被认为已经有几百年的历史了。

山地哺乳动物

　　与昆虫不同，哺乳动物是热血动物，因此不管天气多冷，它们都能保持活跃的状态。

　　但是相比昆虫而言，哺乳动物对氧气的要求更高，所以在空气稀薄地方生活时，这就是个问题。为了应付这种情况，生活在高山上的动物通常都长有较大的肺部、心脏，血液中含有更多的载氧细胞。生活在南美洲的野骆马，一生都是在海拔5000米的高处度过的——在这个高度，空气很稀薄，机动车引擎都很难发动，飞机需要特别长的助跑距离才能起飞。但是，野骆马却有其特殊的适应能力，可以在陡峭的山坡上迅速攀爬，绝不气喘吁吁。

雪豹是来自中亚地区的一种外形十分漂亮的猎捕动物，在树线海拔之上仍然可以自由奔跑和捕猎，那里的海拔通常已经达到了 5500 米，甚至更高。但是生活地海拔最高的当属牦牛。牦牛是一种食草动物，与生活在农场里的牛是近亲。牦牛生活在喜马拉雅山山坡上，那里的气候干燥，风力很猛。夏季，它们迁徙到海拔 6100 米左右的高处。在喜马拉雅地区，牦牛通常被作为家畜饲养，因为它们被用于产奶和运输。而野生牦牛的数量则已经越来越少了。

隐退在冬季

雪豹全年都可以找到食物，但是对于食草动物而言，冬季的生活很艰难，野骆马、牦牛，以及在地面进食的鸟类比如松鸡等，此时都迁徙到海拔较低的地方。即便如此，食物还是很匮乏，饥饿时时威胁着它们的生命。为了解决这个问题，很多小型哺乳动物选择了另一种方法：它们躲藏到了地下的洞穴中进行冬眠，直至第二年春天的到来。

冬眠高手要数啮齿类动物，它们有些能够睡很长一段时期——旱獭可以冬眠整整 8 个月，而有些地鼠甚至可以冬眠得更久。科学家们对生活在北美洲的犹因它地鼠进行了研究，发现其一年当中，活跃的时期只有 12 周，整个冬季和秋季以及春季大部分时间，其都处于睡眠状态。到了夏季，地鼠几乎一刻不停地进食，因为它们需要存储大量的身体

脂肪，以帮助它们度过漫长的睡眠期。

大型食腐动物

与哺乳动物相比，鸟类在山与山之间行进就要方便多了。大雁曾被看到飞过了喜马拉雅山的最高峰，而雷达测试显示有些鸟类甚至飞得更高。1973

→ 雪豹长有非常漂亮的皮毛。这种优雅的食肉动物由于遭到大量捕杀而正面临着灭绝的危机。

↑带羽的食腐者聚集在悬崖边上，分享着美食。位于图片中心的即为胡兀鹫，是食用骨髓的专家。

年，一架飞机在11000米的高空撞上了一只秃鹫——这也是鸟类飞行的最高纪录。鸟类之所以能够在这样的高空飞行，是因为它们的肺部能够非常有效地收集空气中的氧气，而它们的羽毛则可以帮助它们抵御寒冷。

很多鸟类在迁徙的时候会飞越高山，而有些则直接以高山为家，秃鹫便是其一，因为它们需要开阔的空间来寻找食物。世界上最大的秃鹫是安第斯秃鹫，其翼展可以达到3米之宽。它们顺着强劲的上升气流沿着山脊滑翔，可以长达好几个小时。秃鹫的巢筑在偏僻的悬崖上，其一生都是在同一个巢中生活。鸟巢由于溅满了白色的鸟粪而比秃鹫本身更为显眼。

在非洲、亚洲和欧洲南部的高山上，生活着另一种秃鹫，它们有着自己独特的一套进食方式。在将猎物剥食干净之后，这种胡兀鹫就会挑其中较大一些的骨头，将之从高空向岩石丢去，砸开后便吸食其中的骨髓。

↑加利福尼亚秃鹫是最为稀有的高山秃鹫。在20世纪80年代，只剩下3只野生的加利福尼亚秃鹫。得益于人类在后来实行的繁殖计划，现在它们的数量已经超过了170只。

鸟类中的登山高手

生活在山上的鸟类也有在地面上寻找食物的，红嘴山鸦便常常钻进山上的草地上寻找昆虫和蠕虫，而鹪鹩则在岩缝间跳进跳出，寻找生活在岩石下的蜘蛛。但是在阿尔卑斯山和喜马拉雅山上，旋壁雀则更像真正的登山高手，这种小小的灰色鸟类有着异常锋利的爪子，像铁钩一样紧紧地抓在岩石上。此外，它们把尾巴用做支柱，在陡峭的岩壁和岩突上攀爬，寻找任何食物的迹象。与人类登山运动员不同，旋壁雀不用担心会掉下去——它们可以随时放弃攀爬而飞到空中。

生活在地下

在人类学会建造房屋之前，他们通常选择洞穴作为栖身之所。在法国的一个洞穴里，从留下的脚印显示，冰河时代的人类至少到达过地下2000米的深处。当时的人类通过燃烧动物脂肪来照明，但是究竟他们为什么要到如此深的地下，就不得而知了。而动物的穴居历史则比人类要悠久多了。跟我们人类不同的是，它们可以在完全漆黑的环境中前行。其中，声音是它们常用的赖以生存的手段。

蝙蝠利用声音来捕捉昆虫以及找到前行的方向。美国得克萨斯州圣安东尼附近的一个洞穴群中，每天晚上都有5000万只蝙蝠倾巢而出，等到在空中饱食昆虫之后，它们又飞回去喂养自己的幼仔。神奇的是，即便有那么多只蝙蝠在同时行动，它们各自的回声系统还是能够准确地运行。这些蝙蝠不仅要避免撞到穴壁上，还要避免相互碰撞。

在南美洲北部地区、特立尼达岛和巴拿马，大怪鸱也采用了几乎相同的一套技能，它们以含油量很高的果实为食，在地下500米左右的岩石层上筑巢。大怪鸱的视力很好，但是一旦它们进入洞穴中后，便依靠判断回声来找到自己雏鸟的所在。

全天候的穴居者

蝙蝠和大怪鸱只有部分时间在洞穴中度过，而有些动物则是在地下终其一生的。对于它们而言，黑暗只是小事一桩，寻找食物才是真正重要的大事。洞穴中是没有植物生长的，因此，这些全天候的穴居者需要依靠来自洞穴外的食物生存。

这些食物主要是一些残余物和尸骸。首先当然是蝙蝠的粪便，经过几百年的积累，可以堆到脚踝。这类营养丰富的废弃物是一种被称为跳虫的原生动物以及穴居的千足虫和蟋蟀的宝藏。时不时地，死去的蝙蝠也会掉到排泄物堆里，正好增加了蛋白质成分。而当这些动物前来进食的时候，蜘蛛和盲蜘蛛则慢慢靠近，伺机捕捉一些食腐动物。

在很多洞穴中，流水也会带来一些外部世界的食物碎片。这种食物养活了完全不同的一类穴居动物，包括洞穴鱼类、山洞蝾螈和洞穴虾类。它们中很多都长着小小的眼睛，有些甚至完全没有视力，但是它们却对周围的动静非常敏感，特别是那些可以将它们带向美食的气味。

↑大部分果蝠都栖息在树上，但是这些非洲果蝠却喜欢生活在岩石缝和洞穴中。每天晚上，它们集体出行，飞出25千米之远，寻找食物。

物种档案

山洞蝾螈：学名 Eurycea lucifuga

一些穴居的蝾螈生活在洞穴深处，但是图中的这个北美品种的蝾螈却经常活动在洞穴口上，在那里有来自外部世界的昏暗的光线。它们主要以昆虫为食，是爬行高手，有时还可以用其善于抓握的尾巴进行悬挂。它们的幼仔在地下（有时也会生活在地面上）的溪流和池塘中成长。还有其他的一些蝾螈生活在美洲的洞穴中，与图中这种不同的，它们大部分都是盲的。